DEUTSCH-TASCHENBÜCHER
Nr. 34

Was sind Quasare?

von

G. DAUTCOURT

Mit 19 Abbildungen

1982

VERLAG HARRI DEUTSCH

THUN UND FRANKFURT/MAIN

Autor:

Dr. habil. Georg Dautcourt, Zentralinstitut für Astrophysik der
Akademie der Wissenschaften der DDR, Potsdam-Babelsberg

CIP-Kurztitelaufnahme der Deutschen Bibliothek

Dautcourt, Georg:

Was sind Quasare? / Von G. Dautcourt. – Thun; Frankfurt/Main:
Deutsch, 1982
  (Deutsch-Taschenbücher; Nr. 34)
   ISBN 3-87144-622-X
NE: GT

Mit Lizenz des BSB B. G. Teubner Verlagsgesellschaft, Leipzig
für Verlag Harri Deutsch, Thun
auf Basis der 3. Auflage des BSB B. G. Teubner Verlagsgesellschaft, Leipzig
Copyright 1976 by BSB B. G. Teubner Verlagsgesellschaft, Leipzig
Hergestellt bei Grafische Werke Zwickau III/29/1
Deutsche Demokratische Republik

Inhalt

Einleitung

Nahezu 20 Jahre sind seit der Entdeckung der ersten Quasare vergangen – ein langer Zeitraum, wenn das rasche Entwicklungstempo der heutigen Wissenschaft in Betracht gezogen wird. Und doch stellen diese Objekte vielleicht auch heute noch die merkwürdigste und ihrer physikalischen Deutung nach am wenigsten geklärte der an Zahl und Rang nicht geringen Entdeckungen der Astrophysik im letzten Jahrzehnt dar. Das Geheimnis eines Quasars ist seine *gigantische Leistungsfähigkeit als Energiequelle*. Auf einem Raumgebiet, das nur etwa das Millionstel des Volumens einer Galaxie beträgt, wird eine Energie in Form von elektromagnetischer und Korpuskularstrahlung erzeugt, die die Leistung ganzer Galaxien um einen Faktor 100 und mehr übersteigt, vorausgesetzt, daß unsere Annahmen über die Entfernungen der Quasare zutreffen. Ob die Beschreibung und die Beherrschung derartiger Energiequellen noch mit den Mitteln der heute bekannten Physik möglich ist, oder ob sich hier etwa neuartige physikalische Gesetzmäßigkeiten manifestieren, ist gegenwärtig noch offen. In jedem Falle stellen Quasare außerordentlich interessante Forschungsobjekte für Physiker und Astrophysiker dar. Das Bändchen sucht dem Leser eine Vorstellung darüber zu vermitteln, was Quasare sind, wie sie sich in heutige Erkenntnisse von der Entwicklung extragalaktischer Objekte einordnen lassen und welche physikalischen Prozesse dem Quasarphänomen möglicherweise zu Grunde liegen könnten.

1. Gigantische Explosionen in Galaxien

Noch in den fünfziger Jahren unseres Jahrhunderts glaubte der größte Teil der Astronomen, daß alle Galaxien stationäre Kondensationen der Materie in Form von Sternen, Gas und Staub sind, die bereits vor Jahrmilliarden einen stabilen Gleichgewichtszustand erreicht hatten und sich seitdem nur wenig änderten. Zwar erfolgt eine ständige Bewegung der Sterne und Gasmassen unter dem Einfluß der von ihnen selbst erzeugten Gravitationskräfte; diese Bewegung ändert jedoch nicht die *mittlere* Verteilung der Massen und Drehimpulse in einer Galaxie. Eine gewisse sehr langsam verlaufende Evolution ergibt sich lediglich infolge der Bildung neuer Sterne aus interstellarem Gas (sofern dieses, wie in Spiralgalaxien, vorhanden ist) und infolge der im Innern der Sterne ablaufenden thermonuklearen Prozesse. Dies ergibt insgesamt eine gewisse Änderung z. B. des Massen-Leuchtkraftverhältnisses einer Galaxie oder auch ihrer spektralen Energieverteilung. Bestimmte äußere Eigenschaften wie etwa die Spiralstruktur können sich ebenfalls „entwickeln". Man wird aber annehmen können, daß die Zeitdauer für Änderungen dieser Art von der Größenordnung der Rotationsperiode der Galaxien ist, also im Mittel größer als 10 Millionen Jahre.

Nichts schien zunächst darauf hinzudeuten, daß irgendwelche drastischen Veränderungen in einer kürzeren Zeitperiode stattfinden könnten.

Gegen dieses Bild einer ruhigen galaktischen Entwicklung hatte der sowjetische Astrophysiker *Victor Ambarzumjan* bereits 1954 gewichtige Einwände vorgebracht. Ein langjähriges Studium von Galaxien und Galaxienhaufen am Bjurakaner Observatorium in der armenischen Sowjetrepublik zeigte ihm, daß Galaxienhaufen — in ähnlicher Weise wie die früher von ihm entdeckten Sternassoziationen — offensichtlich instabile Gebilde sind: Die aus den Messungen der Rotverschiebung in den Spektrallinien der Galaxien (s. dazu Kapitel 4) abgeleiteten Geschwindigkeiten waren weitaus höher, als sie ein gravitativ wechselwirkendes System von Punktmassen im stationären Gleichgewicht besitzen würde. Die Anwendung der statistischen Mechanik bewies, daß Galaxienhaufen nicht im Prozeß des Einfangens neuer Galaxien entstanden sein konnten. Bestimmte Beobachtungen ließen sich unter der Annahme am besten erklären, daß tatsächlich ein Expansionsprozeß der Haufen stattfand, daß also die hohen Geschwindigkeitsdispersionen vom *Zerfall* der Haufen herrühren. Dies führte schließlich zu der Hypothese einer Entstehung der Galaxienhaufen durch Explosion eines dichten, massiven „prägalaktischen Körpers". In der Tat zeigen viele Haufen die Existenz einer supermassiven Galaxie im Zentrum, die — oder, genauer gesagt, deren Kern — nach dieser Hypothese eine Keimzelle für die Bildung aller anderen Galaxien darstellen sollte.

Die Ambarzumjansche Hypothese lenkte die Aufmerksamkeit auf die *Kerne* der Galaxien. Sehr bald konnten hier Anzeichen gefunden werden, die auf ungewöhnliche physikalische Prozesse hindeuteten. Bereits seit 1943 waren Galaxien bekannt, die sogenannten Seyfert-Galaxien (Abb. 1), deren Kerne optisch und spektroskopisch ungewöhnliche Eigenschaften besaßen. Die von *Seyfert* gefundenen Galaxien zeigten kleine sehr helle Kerne, in deren Spektren Emissionslinien hochangeregter Elemente zu sehen sind, darunter Linien des vierfach ionisierten Neons und des sechsfach ionisierten Eisens. Besonders bemerkenswert war die ungewöhnliche Breite der Emissionslinien, insbesondere der Balmerlinien des Wasserstoffs.

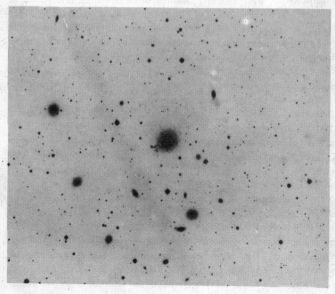

Abb. 1. Die Seyfert-Galaxie NGC 1275 zusammen mit anderen Galaxien im Perseus-Haufen (5-m-Spiegel, 103 a-O-Platte)

Eine mögliche Ursache der Linienverbreiterung besteht darin, daß die zur Emission in einer Linie beitragenden zahlreichen Atome oder Ionen sehr unterschiedliche Geschwindigkeiten besitzen: Durch den Dopplereffekt sind die Emissionsfrequenzen für den Beobachter verschoben. Die Überlagerung der Emission der einzelnen Atome ergibt dann die „dopplerverbreiterte Linie". Aus den Linienbreiten läßt sich auf eine mittlere Geschwindigkeit der emittierenden Atome schließen, die im Falle der Seyfert-Galaxien im Bereich von 500 bis 4000 km/s liegen würde, falls tatsächlich der Dopplermechanismus Ursache der Verbreiterung sein sollte. Die beobachtete Verbreiterung kann sicher nicht von der thermischen Bewegung der emittierenden Atome herrühren, da unwahrscheinlich hohe Temperaturen erforderlich sein würden. Das Profil mancher Linien zeigt jedoch eine gewisse Feinstruktur, die darauf hindeutet, daß turbulente Bewegungen von Gasmassen vorliegen, die Geschwindigkeiten von der Ordnung der Dopplergeschwindigkeiten besitzen müssen. Optisch sind die Kerne der Seyfert-Galaxien nicht auflösbar, d. h., sie sind kleiner als etwa eine Bogensekunde. Für die Seyfert-Galaxie NGC 4151 beispielsweise (Abb. 2), die sich in einer Entfernung von 10 Mpc[1]) befindet, entspricht einer Winkelausdehnung von 0,5'' ein linearer Abstand von 25 pc: Der Kern dieser Seyfert-Galaxie muß kleiner als 25 pc sein. Spektren, die von Bereichen außerhalb des Kerns von Seyfert-Galaxien gewonnen wurden, zeigen ebenfalls Emissionslinien, die für ein ionisiertes Gas typisch sind. Die Linien sind aber unverbreitert.

Die ungewöhnlichen Eigenschaften der Seyfert-Kerne weisen auf extreme physikalische Bedingungen hin. Aus der Intensität der Wasserstoffemissionslinien kann auf die Masse ionisierten Wasserstoffs im Kern geschlossen werden. Für NGC 1068 und NGC 4151 ergeben sich Werte der Ordnung $10^7 M_\odot$. Falls sich diese Gasmassen in turbulenter Bewegung mit Geschwindigkeiten befinden, die den Dopplerbreiten entsprechen, so ist die entsprechende kinetische Energie von der Ordnung 10^{56} bis 10^{57} erg.

Ungewöhnliche Eigenschaften, die mit ähnlichen Energiebeträgen verknüpft werden können, zeigen auch andere Galaxienkerne. Besonders interessant ist die irreguläre Galaxie M 82 (Abb. 3). Sie zeigt eine ausgeprägte Filamentstruktur, besonders in Richtung ihrer kleinen Achse. Die Filamente sind besonders deutlich auf Aufnahmen im Lichte der H_α-Linie sichtbar (Abb. 4). Die Analyse

---

[1]) Die astronomische Längeneinheit Parsec (pc) entspricht $3 \cdot 10^{18}$ cm, 1 Mpc = 10^6 pc, 1 kpc = 10^3 pc. $M_\odot$ ist die Sonnenmasse.

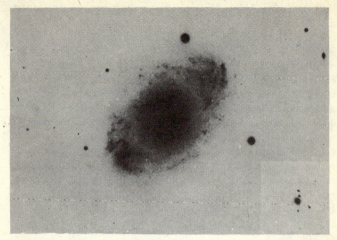

Abb. 2. Die Seyfert-Galaxie NGC 4151, photographiert mit dem 5-m-Spiegel des Mount Palomar (30 min Belichtungszeit, 103 a-O-Emulsion mit GG 13-Filter). Rechts unten nur der Kern der Galaxie auf einer Aufnahme mit kurzer Belichtungszeit

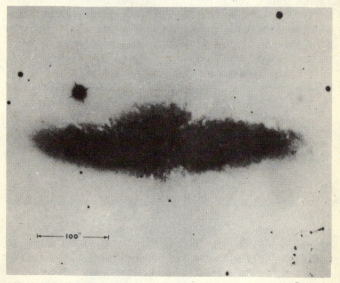

Abb. 3. Die explodierende Galaxie M 82 (5-m-Spiegel, 30 min Belichtung, 103 a-O-Emulsion mit GG 13-Filter)

Abb. 4. Die explodierende Galaxie M 82 im Lichte der H_α-Linie. (180 min Belichtung, 103 a-E-Platte mit H_α-Interferenzfilter von 80 Å Durchlaß)

der Spektren ergab, daß große Massen vom Zentrum in Richtung der kleinen Achse mit Geschwindigkeiten von 1000 km/s strömen. Die kinetische Energie der beobachteten H_α emittierenden Filamente ist von der Ordnung $2 \cdot 10^{55}$ erg, die gesamte bei der Explosion freigesetzte kinetische Energie dürfte aber noch höher sein. Vor etwa $1,5 \cdot 10^6$ Jahren mußte also eine gewaltige Explosion im Kern dieser Galaxie stattgefunden haben.

Eine Explosion anderer Art zeigt die elliptische Galaxie M 87 (Abb. 5, 6). Vom hellen Kern der Galaxie führt ein Materiestrahl nach außen, der mehrere Verdichtungen (Knoten) zeigt. Die Länge des Strahls ist im Winkelmaß 18″ oder 1100 pc bei einer Entfernung von 13 Mpc. Besonders interessant ist die Tatsache, daß das Licht des Strahls stark polarisiert ist und offensichtlich optische Synchrotronstrahlung in einem Magnetfeld der Ordnung 10^{-3} bis 10^{-4} Gauß (s. Kapitel 2) darstellt. Die Gesamtenergie in Form von kinetischer Energie der Elektronen und Protonen sowie Magnetfeldenergie erreicht wieder Beträge der Ordnung 10^{55} bis 10^{56} erg.

Die Existenz des Strahls in M 87 beweist, daß explosive Phänomene in Galaxien ganz offensichtlich mit dem Kern der Galaxie

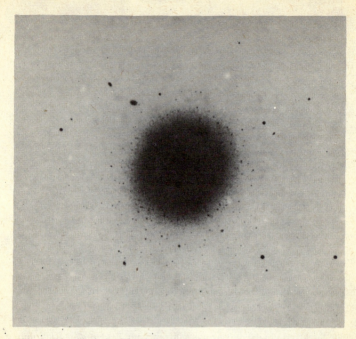

Abb. 5. Die elliptische Riesengalaxie M 87 (30 min Belichtung, 103 a-O-Platte, 5-m-Spiegel). Deutlich sichtbar ist die große Zahl von Kugelhaufen

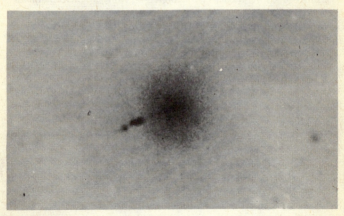

Abb. 6. M 87 mit Strahl, der erst auf einer kürzer belichteten Aufnahme sichtbar wird (Lick-Spiegel, kurz belichtete Blau-Aufnahme)

verbunden sind. Bereits zu Beginn der sechziger Jahre konnte somit festgestellt werden, daß

(1) explosive Phänomene in allen Typen von Galaxien (elliptischen Galaxien, Spiralen und Irregulären) auftreten können;

(2) die freigesetzten Energiebeträge stark variieren und zwischen 10^{55} bis 10^{60} erg liegen können;

(3) bei den Ausbrüchen Effekte hervorgerufen werden, die sich in verschiedener Form manifestieren und in einem Zeitraum von etwa 10^6 Jahren nach der Explosion bestehen bleiben, wobei in einigen Fällen kürzere Zeitskalen (10^3 Jahre) auftreten;

(4) Massenbewegungen mit Geschwindigkeiten von einigen 10^3 km/s hervorgerufen werden;

(5) große Mengen relativistischer Teilchen bei den Ausbrüchen erzeugt werden können.

Die theoretische Deutung dieser Phänomene lag jedoch noch völlig im Dunkeln.

2. Das Rätsel ferner Radioquellen

Weitere Gewißheit für die grundsätzliche Richtigkeit der Ambarzumjanschen Vorstellungen kam von einer ganz anderen Seite, der Radioastronomie. Nachdem *Janski* bereits 1931 zum ersten Mal außerirdische Radiostrahlung nachwies, hatte sich die Radioastronomie nach dem 2. Weltkrieg stürmisch entwickelt. Die Winkelauflösung der Radioteleskope war aber infolge der gegenüber den optischen weitaus größeren Wellenlängen zunächst sehr viel schlechter als die der optischen Teleskope. Eine der ersten gefundenen diskreten Quellen lag im Sternbild Schwan (und wurde daher als Cygnus A bezeichnet), konnte aber wegen mangelhafter Lokalisierung noch nicht mit irgendeinem optischen Objekt in Verbindung gebracht werden. Im Jahre 1951 war die Position der Quelle mit einer Rektaszension = $19^h\ 57^m\ 45,3^s \pm 1^s$, Deklination = $40° 35' \pm 1'$ so genau bekannt, daß die Suche nach einem optischen Objekt erfolgversprechend schien. Das Ergebnis war überraschend: Als *Baade* die mit dem 5-Meter-Spiegel des Mount Palomar gewonnenen Photographien betrachtete, stellte er fest, daß an der Stelle der Radioquelle eine höchst ungewöhnliche Galaxie saß (Abb. 7), die er als Kopf-an-Kopf-Zusammenstoß zweier Spiralgalaxien interpretierte. Tatsächlich forderten die Radiodaten eine ungewöhnliche Erklärung. Die Messungen der Radiointensität für Cyg A wiesen auf eine Energieabstrahlung im Radiobereich von nicht weniger als 10^{44} erg/s hin. Bei einer Stoßdauer von 3 Millionen Jahren — mit diesen langen Zeiträumen ist bei der Größe der Galaxien zu rechnen — würde man Energien von 10^{58} erg benötigen. Nun liefert der Stoß von 2 Galaxien nur Energie in Form kinetischer Energie von erhitzten Gasmassen: Es war nicht klar, wie diese Energie nahezu vollständig in Form von Radiofrequenzstrahlung abgegeben werden konnte. Insbesondere blieb auch ungeklärt, wie die beobachtete Polarisation der Radiostrahlung zustande kam. Schließlich wurde noch die merkwürdige Tatsache entdeckt, daß die Radiostrahlung nicht vom Orte der Galaxie kam, sondern von zwei Quellen im Abstand von 82'', die auf beiden Seiten der Galaxie lagen (Abb. 7).

Die Stoßtheorie wurde daher bald von vielen Astronomen abgelehnt, darunter auch von *Ambarzumjan*. Woher stammte dann aber die Radiostrahlung?

Der entscheidende Schritt zur Erklärung ihrer Natur kam von den beiden sowjetischen Astrophysikern *V. Ginsburg* und *J. Schklowski*.

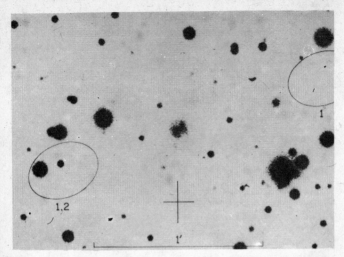

Abb. 7. Die Radioquelle Cygnus A = 3C405. In der Mitte der Aufnahme die von *Baade* mit der Radioquelle identifizierte ungewöhnliche Galaxie. Die beiden Ellipsen (Kurven halber Intensität) geben die Lage der Radioemissionsbereiche an. Das Kreuz veranschaulicht den mittleren Fehler der Radioposition

Sie schlugen vor, daß mit nahezu Lichtgeschwindigkeit bewegte Elektronen, die in Magnetfeldern kreisen, die kosmische Radiostrahlung aussenden. Die „Synchrotronstrahlung" dieser Elektronen oder Protonen ist im allgemeinen polarisiert und besitzt auch eine spektrale Verteilung, die der beobachteten entspricht. Eine solche Deutung hatte sich bereits bei der Erklärung der Strahlung des Krebsnebels bewährt. Das Rätsel der fernen Radioquellen — außer Cyg A waren im Laufe der Zeit viele weitere diskrete Quellen außerhalb der Milchstraßenebene entdeckt worden — schien sich auf diese Weise lösen zu lassen. Die Entdeckung der Aktivität der Galaxienkerne wies auf den Ursprung der hochenergetischen Elektronen und Protonen hin: In den Kernen großer Galaxien finden gewaltige Explosionen statt, als deren Folge Wolken von Teilchen hoher Energie nach außen geschleudert werden. Die Ambarzumjanschen Vorstellungen gewannen so durch die Entdeckung der Radiogalaxien eine wesentliche Unterstützung.

Das große Rätsel blieb jedoch der Beschleunigungsmechanismus der Elektronen. Für Cyg A war es bei Gültigkeit der Synchrotronhypothese erforderlich, nicht weniger als $4 \cdot 10^{60}$ erg in Form von kinetischer Energie der Elektronen, Protonen und in Form von Magnetfeldenergie anzunehmen. Das Energieproblem war mit der Erkenntnis der Natur der Radiostrahlung nicht nur nicht gelöst, sondern nur noch schwieriger geworden.

3. Alle Rekorde sind gebrochen

Die Erkenntnis, daß in Galaxien gewaltige Explosionen stattfinden, die Anlaß zur Emission intensiver Radiostrahlung gaben, beflügelte die Entwicklung der Radioastronomie in Richtung einer immer genaueren Winkelauflösung für diskrete Quellen. Radiointerferometer mit Basislängen von vielen hundert Kilometern Länge wurden eingesetzt und erlaubten es festzustellen, daß viele scheinbar punktförmige Quellen in Wirklichkeit eine flächenhafte Emission aufweisen. Unter diesen Quellen war ein Objekt — nach dem 3. von Cambridger Radioastronomen herausgegebenen Katalog von Radioquellen als Objekt 3C48 bezeichnet —, das nicht auflösbar schien und damit einen Winkeldurchmesser kleiner als 4'' haben mußte. Die optische Identifizierung gelang mit einem Stern 16. Größe, der merkwürdig blau erschien und in dessen Nähe (3'' entfernt) eine sehr schwache nebelhafte Struktur zu sehen war (Abb. 8). Später gefundene Helligkeitsschwankungen schienen überzeugend zu bestätigen, daß es sich bei 3C48 um einen Radiostern unserer Galaxie handeln mußte, denn die Vorstellung, daß ein extragalaktisches Sternsystem von etwa 10^{11} Sternen innerhalb von Monaten seine Helligkeit ändern sollte, schien allen Astronomen absurd. Dieser Stern besaß jedoch ein so merkwürdiges, kaum zu deutendes Spektrum, daß es einige Jahre dauerte, bis die Entdecker *Matthews* und *Sandage* die Befunde und ihre Deutungen (zusammen mit denen zweier weiterer Objekte dieses Typs, 3C196 und 3C286) veröffentlichten. Das erste Spektrogramm von 3C48 überdeckte die blau-grüne Region von 3100 Å bis 5000 Å, ein weiteres Spektrum reichte bis 7000 Å. Die spektrale Verteilung der kontinuierlichen Strahlung erinnerte ganz und gar nicht an die Strahlung normaler Sterne, sondern eher an ein Synchrotronspektrum. In der Tat ließ sich das optische Spektrum als Fortsetzung des Radiofrequenzspektrums deuten. Dem Kontinuum waren einige starke sehr breite Emissionslinien überlagert, z. B. eine intensive Linie bei 3832 Å, die nicht mit bekannten Linien irdischer Elemente identifiziert werden konnte. Dies gelang auch nicht bei Annahme einer leichten Rotverschiebung, wie sie bei einer Bewegung des „Radiosterns" auftreten mußte. Eine erste Suche nach Eigenbewegungen von 3C48 blieb erfolglos, was auf einen Abstand von mindestens 60 pc hindeutete.

Die Schlußfolgerungen aus diesen Beobachtungsbefunden war die, daß es sich bei 3C48 und den beiden anderen Objekten offenbar

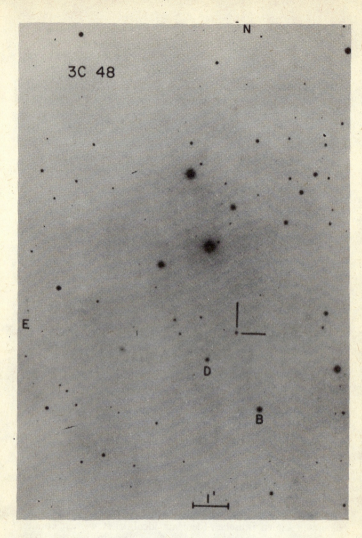

Abb. 8. Der Quasar 3C48 auf einer 10-min-Aufnahme mit dem 5-m-Spiegel. Die markierten Sterne B und D dienen als photometrische Standards (103 a-O-Emulsion mit GG 13-Filter)

um höchst merkwürdige Radiosterne in unserer unmittelbaren galaktischen Nachbarschaft handeln mußte.

Die dramatische Wende kam zu Beginn des Jahres 1963. Eine neue Methode zur Bestimmung der Positionen von Radioquellen wurde eingeführt, bei der das langsame „Verlöschen" einer Radioquelle bei ihrer Bedeckung durch den Mond registriert wurde. Dieses Verfahren erlaubte es, die Lage einer Radioquelle fast so genau wie die von optischen Quellen zu bestimmen. Die Anwendung auf die Doppelquelle 3C273 zeigte, daß ein relativ heller Stern 13. Größe mit der nahezu punktförmigen Radiokomponente B zusammenfiel. Lassen wir den Entdecker, den in den USA arbeitenden holländischen Astronomen *Maarten Schmidt*, selbst zu Worte kommen:

„3C273 — ein sternartiges Objekt mit großer Rotverschiebung.

Die einzigen Objekte auf einer 200-inch-Platte in der Nähe der Positionen der Komponenten der Radioquelle 3C273 (über die von *Hazard*, *Mackey* und *Shimmins* in dem vorstehenden Artikel berichtet wurde) sind ein Stern von etwa 13. Größe und ein schwaches nebelhaftes strahlähnliches Gebilde. Der Strahl hat eine Weite von 1″ bis 2″ und entfernt sich vom Stern in einem Positionswinkel 43°. Er ist bis zu einem Abstand von 11″ vom Stern nicht sichtbar und endet abrupt in einer Entfernung von 20″. Die Position des Sternes, die freundlicherweise von *Dr. T. A. Matthews* zur Verfügung gestellt wurde, ist AR $12^h 26^m 33,35^s \pm 0,04^s$, Deklination $+ 2° 19' 42,0'' \pm 0,5'$ (1950) oder 1″ östlich der Komponente B der Radioquelle. Das Ende des Strahls ist 1″ östlich der Komponente A. Die enge Beziehung zwischen der Radiostruktur und dem Stern mit Strahl ist bemerkenswert und interessant.

Spektren des Sterns wurden mit dem Primärfokusspektrographen am 200-inch-Teleskop mit Dispersionen von 400 und 190 Å pro Millimeter gewonnen. Sie zeigen eine Anzahl breiter Emissionslinien über einem ziemlich blauen Kontinuum. Die auffallendsten Linien, die Breiten um etwa 50 Å haben, sind — in der Reihenfolge ihrer Stärke — die bei 5632, 3239, 5792, 5032 Å. Diese und andere schwächere Emissionsbanden sind in der ersten Spalte von Tab. 1 zusammengestellt. Für drei schwächere Banden mit Breiten von 100 bis 200 Å ist der gesamte Wellenlängenbereich angegeben.

Die einzige Erklärung, die für das Spektrum gefunden werden konnte, erfordert eine beträchtliche Rotverschiebung. Eine Rotverschiebung $\Delta\lambda/\lambda_0$ von 0,158 erlaubt die Identifizierung von 4 Emissionsbanden als Balmerlinien, wie in Tab. 1 angegeben wurde. Ihre relativen Stärken stimmen mit dieser Erklärung überein. Andere Identifizierungen, die auf der angegebenen Rotverschiebung beruhen, sind die Mg II-Linie um 2798 Å, die bisher nur in der Sonnenchromosphäre in Emission gefunden wurde, und eine verbotene Linie von [O III] bei 5007 Å. Man muß dann eine andere [O III]-Linie bei 4959 Å erwarten, mit einer Stärke, die ein Drittel der-

Tabelle 1. Wellenlängen und Identifizierungen[1])

λ (Å)	$\lambda/1{,}58$ (Å)	λ_0 (Å)	
3239	2797	2798	Mg II
4595	3968	3970	H_ε
4753	4104	4102	H_δ
5032	4345	4340	H_γ
5200—5415	4490—4675		
5632	4864	4861	H_β
5792	5002	5007	[O III]
6005—6190	5186—5345		
6400—6510	5527—5622		

jenigen der Linie bei 5007 Å betragen müßte. Sie müßte gerade noch im Spektrum entdeckbar sein. Eine schwache Emissionsbande, die bei 5705 Å vorhanden zu sein scheint oder bei 4927 Å nach Rotverschiebungskorrektur, entspricht nicht der Wellenlänge. Für die drei sehr weiten Emissionsbanden kann noch keine Erklärung angegeben werden.

Es zeigt sich damit, daß 6 Emissionsbanden mit Breiten um 50 Å mit einer Rotverschiebung von 0,158 erklärt werden können. Die Unterschiede zwischen den beobachteten und den erwarteten Wellenlängen betragen höchstens bis zu 6 Å und können vollständig als Meßunsicherheiten verstanden werden. Diese Deutung wird durch Beobachtungen des Infrarotspektrums unterstützt, die von *Oke* in einem folgenden Artikel mitgeteilt wird, und auch durch das Spektrum eines anderen sternartigen Objektes, das mit der Radioquelle 3C48 assoziiert ist, wie bei *Greenstein* und *Matthews* in einer anderen Mitteilung diskutiert wird.

Die unerwartete Identifizierung des Spektrums eines scheinbar sternartigen Objektes mit Hilfe einer großen Rotverschiebung legt eine der beiden folgenden Erklärungen nahe.

(1) Das stellare Objekt ist ein Stern mit einer großen gravitativen Rotverschiebung. Sein Radius würde dann von der Ordnung 10 km sein. Vorläufige Überlegungen zeigen, daß es außerordentlich schwierig, wenn nicht unmöglich sein würde, das Auftreten von erlaubten Linien und einer verbotenen Linie der gleichen Rotverschiebung zu verstehen sowie Linienweiten von nur 1 oder 2% der Wellenlänge zu erklären.

(2) Das stellare Objekt ist die Kernregion einer Galaxie mit einer kosmologischen Rotverschiebung von 0,158, entsprechend einer scheinbaren Rezessionsgeschwindigkeit von 47400 km/s. Die Entfernung würde etwa 500 Mpc betragen, der Durchmesser des Kerns würde kleiner als 1 kpc sein. Der Kern wäre optisch 100mal heller als die hellsten Galaxien, die bisher mit Radioquellen identifiziert wurden. Falls der optische Strahl

---

[1]) Tabelle aus *M. Schmidt*: Nature **197** (1963) 1040.

und die Komponente A der Radioquelle mit der Galaxie assoziiert sind, würden sie sich in einer Entfernung von 50 kpc befinden, was eine Zeitskala von über 10^5 Jahren implizieren würde. Die gesamte im optischen Bereich bei konstanter Helligkeit ausgestrahlte Energie würde von der Ordnung 10^{59} erg sein.

Nur die Entdeckung einer sicher festgestellten Eigenbewegung oder Parallaxe würde definitiv 3C273 als Objekt innerhalb unserer Galaxie nachweisen. Gegenwärtig scheint jedoch die Annahme eines extragalaktischen Ursprungs die direkteste und den wenigsten Einwänden ausgesetzte Erklärung zu sein."

Große Rotverschiebungen der Spektrallinien schienen damit der Schlüssel zum Verständnis des Spektrums der quasistellaren Radioquellen zu sein. Das Spektrum von 3C48 wurde nun mit neuen Augen betrachtet. Zwar konnte man auch unter der Annahme einer großen Rotverschiebung die Wasserstoff-Balmerlinien nicht finden, wohl aber gelang die Identifizierung mit teilweise verbotenen Linien (dazu Kapitel 7) hoch angeregter Elemente. Die intensive Linie bei 3832 Å konnte dem ionisierten Magnesium (Mg II) zugeschrieben werden. Die im irdischen Labor gemessene Wellenlänge dieser Resonanzlinie liegt bei 2798 Å, woraus sich eine Rotverschiebung z (= (gemessene Wellenlänge minus Laborwellenlänge)/Laborwellenlänge) von 0,367 ergibt. Damit war 3C48 zum Objekt mit der zweitgrößten Rotverschiebung geworden: Nur die Radiogalaxie 3C295 besaß eine mit $z = 0,461$ etwas größere Rotverschiebung.

Diesen Rekord brachen aber bald neu entdeckte quasistellare Radioquellen oder „Quasare", wie sie bald genannt wurden. Bereits 3C147 besaß eine größere Rotverschiebung von $z = 0,545$, und im Laufe der Zeit konnte etwa ein Drittel der Quellen des Cambridger 3C-Kataloges von Radioquellen mit sternförmigen optischen Objekten sehr großer Rotverschiebung identifiziert werden. An der Spitze der 3C-Quellen stand 3C9 mit $z = 2,012$. Heute liegt der Rekord bei $z = 3,53$, gehalten von einer Quelle OQ172 des „Ohio"-Kataloges.

In den seit 1963 vergangenen Jahren hat sich die Quasarforschung umfangmäßig erheblich ausgedehnt. Mehrere hundert quasistellare Radioquellen stehen heute den Astronomen für statistische Untersuchungen (s. Kapitel 13) zur Verfügung. Radioastronomen und optische Astronomen haben hieran gemeinsamen Anteil. Von wesentlicher Bedeutung war es, daß mit dem vom Schmidt-Spiegel (einer astronomischen Weitwinkelkamera) des Mount Palomar aufgenommenen Himmelsatlas ein Kartenwerk zur Verfügung stand, das in zwei Spektralbereichen (rot und blau) alles am Himmel Sichtbare bis herab zur 21. Größenklasse abbildete. Die meisten „Identifizierungen" von Radioquellen mit optischen Objekten wurden mit Hilfe dieses Palomar-Himmelsatlanten durchgeführt. Mit der Verbesserung der Radioteleskope, insbesondere der Interferometeranordnungen, gelang es im Laufe der Zeit, immer schwächere und damit im allgemeinen auch weiter entfernte Radioquellen festzustellen und ihre Koordinaten relativ genau zu bestimmen. Der 4. und und 5. der Cambridge-Kataloge (wobei der letztere nur ausgewählte Felder am Himmel umfaßt) stellten Meilensteine auf diesem Wege des tieferen Eindringens in den Kosmos dar; andere wichtige Verzeichnisse von Radioquellen sind z. B. der von australischen Radioastronomen erarbeitete Parkes-Katalog oder die Serie der Ohio-Kataloge. Heute lassen sich Positionsbestimmungen von Radioquellen erreichen, deren Genauigkeiten besser als eine Bogensekunde sind, d. h., die die mit optischen Teleskopen erzielten Genauigkeiten erreichen. Das Problem der Identifizierung von Radioobjekten mit optischen Objekten wird auf diese Weise einfach, da bereits die Übereinstimmung der Positionen ausreichende Gewähr für die tatsächliche Identität dieser Objekte bietet. In den ersten Jahren der Quasarforschung war dies nicht der Fall: Man hatte sich nach zusätzlichen Kriterien umzusehen, um zunächst ohne aufwendige spektroskopische Untersuchungen feststellen zu können, ob ein im Fehlerrechteck der Radioposition befindliches sternartiges Objekt tatsächlich ein Quasar sein könnte. Immerhin hat man beim 4C-Katalog in diesem kleinen Gebiet von der Größe $0\rlap{.}'5 \times 4'$ in Richtung der Milchstraße bei einer Grenzhelligkeit $m = 21$ der photographischen Platte im Mittel mit bis zu 50 Sternen zu rechnen. Zum wichtigsten Hilfsmittel wurden dabei die „Farben" der Quasare, d. h. ihre unter Vorschaltung bestimmter standardisierter Farbfilter bestimmten scheinbaren photographischen Helligkeiten. Diese mit U, B, V, R bezeichneten Helligkeitswerte sind ein Maß für die Strahlung eines sternartigen Objektes bei bestimmten effektiven Wellenlängen ($\lambda_U = 3550$ Å, $\lambda_B = 4350$ Å, $\lambda_V = 5550$ Å, $\lambda_R = 6380$ Å); ihre Gesamtheit liefert eine Aussage über den Verlauf des Kontinuums im optischen Wellenlängenbereich. Im sogenannten Zweifarbendiagramm, in dem die Differenzen $U - B$ (ein Maß für die relative Intensität des Spektrums im ultravioletten und blauen Bereich) und $B - V$ (ein entsprechendes Maß für das blaue und „visuelle" Spektralgebiet) aufgetragen sind, sind die meisten Sterne unserer Galaxis in bestimmten Bereichen angeordnet (Abb. 9). Die für den Quasar 3C48 bestimmten Werte $B - V = 0,38$, $U - B = -0,61$ waren von denen normaler Hauptreihensterne völlig ver-

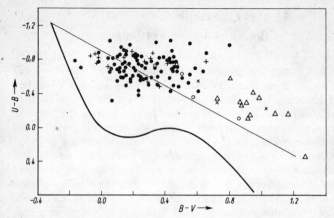

/Abb. 9. 2-Farben-Diagramm für Quasare und verwandte Objekte. Radioquasare sind als schwarze Punkte abgebildet, die Kerne von Seyfert-Galaxien als offene Kreise, radioruhige quasistellare Objekte (blaue stellare Objekte) als aufrechte Kreuze, N-Galaxien als Dreiecke und 3 blaue Kompaktgalaxien als liegende Kreuze. Die Gerade entspricht den Farben schwarzer Strahler, die Kurve der Lage der galaktischen Hauptreihensterne. Man beachte die deutliche Trennung von QSO und N-Galaxien (vgl. Kap. 12)

schieden. Auch für andere Quasare stellte sich heraus, daß ihre von Sternen abweichende Kontinuumsstrahlung, die sich näherungsweise ähnlich wie Synchrotronstrahlung im ganzen optischen Spektralbereich durch ein Potenzgesetz darstellen läßt, sie in einen Bereich oberhalb der Hauptreihensterne rückt, in dem sie sich relativ leicht von anderen Objekten unterscheiden lassen. Allerdings war dieses Kriterium nicht eindeutig: Bestimmte galaktische Objekte, wie einige weiße Zwerge, alte Novae und andere spezielle Sterntypen, haben ähnliche Farben, so daß stets eine spektroskopische Bestimmung hinzutreten mußte, um einen Quasar sicher als Quasar nachweisen zu können. Diese Farbkriterien für Quasare, insbesondere der negative Farbindex $U - B$, konnten nun für die Auffindung quasistellarer Objekte auch unabhängig von ihrer Radiostrahlung benutzt werden. Dabei zeigte sich, daß es sternartige Objekte gibt, die die spektralen Eigenschaften von QSO (quasistellaren Objekten) besitzen, also insbesondere große Rotverschiebungen aufweisen, während sich keine meßbare Radiostrahlung feststellen läßt. Diese „radioruhigen" Quasare oder „blauen stellaren Objekte", wie sie auf Grund ihrer großen negativen Farbindizes genannt wurden, treten sogar noch häufiger auf als die eigentlichen „Radioquasare".

4. Das Quasarlicht —
Bote aus ferner Vergangenheit?

Was hatten die großen Rotverschiebungen zu bedeuten? Vor 1963 ließ diese Frage die Astronomen ruhig schlafen. Nach den Hubbleschen Untersuchungen von 1929 war die in den Spektren entfernter Galaxien beobachtete leichte Verschiebung der Spektrallinien in Richtung zum roten Wellenlängenbereich deutlich mit der Entfernung korreliert und ganz offensichtlich auf den Dopplereffekt einer von uns fortgerichteten Geschwindigkeit der Galaxien zurückzuführen. Von *Hubble* wurde eine lineare Beziehung zwischen der Rotverschiebung z und der Entfernung D gefunden, nämlich $z = H_0 D/c$. Hierin ist c die Lichtgeschwindigkeit und H_0 die Hubble-Konstante, die gewöhnlich in der Einheit km/(s · Mpc) angegeben ist; sie liefert den Zuwachs der Radialgeschwindigkeit in km/s, wenn die Entfernung zur Galaxie um 1 Mpc zunimmt. Heute angenommene Werte von H_0 liegen zwischen 50 und 100. (Der von *Hubble* selbst angegebene Wert war infolge einer nicht genauen Eichung der Entfernungsskala noch um einen Faktor 10 zu hoch.)

Dieses Bild der mit wachsenden Entfernungen mit immer höheren Geschwindigkeiten $v = cz$ expandierenden Galaxien entsprach genau der von dem sowjetischen Mathematiker *Friedman* zu Beginn der zwanziger Jahre dieses Jahrhunderts gemachten Feststellung, daß nach *Einstein*s allgemeiner Relativitätstheorie (in ihrer ursprünglichen von *Einstein* 1915 angegebenen Form) große Aggregate im Mittel homogen verteilter Materie instabil sind, d. h. entweder expandieren oder kontrahieren müssen. Was hierbei expandiert oder kontrahiert, ist dabei primär nicht die Verteilung der Materie, sondern der zwischen den einzelnen Materieaggregaten befindliche Raum; die Materie selbst befindet sich sozusagen „in Ruhe". Für die Ableitung der Hubble-Beziehung zwischen Rotverschiebung und Entfernung ist diese Unterscheidung allerdings belanglos.

Die Erregung der Astronomen bei der Entdeckung der Quasare mit Rotverschiebungen von bisher nicht bekannten Größenordnungen war nur zu begreiflich: Falls tatsächlich die gefundenen Rotverschiebungen kosmologischen Ursprungs waren, d. h. auf große Entfernungen hindeuteten, so konnte man damit Bereiche überblicken, die den bisher mit Hilfe von Galaxien erfaßten Raum um ein Vielfaches übertrafen. Mehr noch, da uns das Licht entfernter Objekte nicht sofort erreicht, sondern wegen der Endlichkeit der Lichtgeschwindigkeit mit einer von der „Lichtlaufzeit" abhängenden

Tabelle 2. Leuchtkraftfunktionen für extragalaktische Systeme, bezogen auf die Gegenwart ($z = 0$)

Objekt	Helligkeiten in erg/s	Raumdichten in Mpc^{-3}
Galaxien	10^{44} (optisch)	$10^{-3,5}$
	10^{43}	10^{-1}
Radiogalaxien	10^{45} (Radiobereich)	10^{-10}
	10^{44}	$10^{-8,5}$
	10^{43}	10^{-7}
	10^{42}	$10^{-5,5}$
Quasare	10^{46} (optisch)	$10^{-3,5}$
	10^{45}	10^{-7}
	10^{44}	10^{-6}

Verzögerung, mußten im Lichte der Quasare Entwicklungsformen der kosmischen Materie sichtbar werden, wie sie vor vielen Milliarden Jahren im Kosmos existierten. Bereits diese Tatsache allein, daß es mit der Entdeckung der Quasare offensichtlich gelang, eine Größenordnung tiefer in den Raum und in die Vergangenheit vorzustoßen, bedeutete den Beginn einer neuen Epoche in der extragalaktischen Astronomie.

Damit aber nicht genug. Daß Objekte aus so großen Entfernungen noch sichtbar waren, konnte nur bedeuten, daß sie außerordentlich hell sein mußten, viel heller jedenfalls als Galaxien, die selbst bei kleinen Rotverschiebungen von 0,2 nur mit den besten Teleskopen sichtbar sind. Dieser Schluß gilt auch dann, wenn die von der relativistischen Kosmologie (s. Kapitel 12) geforderten Korrekturen an der Relation zwischen der Energieabstrahlung der Quellen und der auf der Erde aufgefangenen Strahlungsleistung angebracht werden. Immer vorausgesetzt, daß die Rotverschiebungen kosmologischer Natur sind, liegen Quasare in ihrer energetischen Leistung um einen Faktor 10 bis 100 höher als Galaxien, sind also die leistungsfähigsten Quellen von Strahlungsenergien, die wir kennen (Tab. 2).

Die ungewöhnlichen Eigenschaften der Quasare werden noch deutlicher, wenn man sich vergegenwärtigt, daß ihre Energieerzeugung in einem sehr kleinen Raumbereich erfolgen muß. Bereits aus der optischen Nichtauflösbarkeit der Quasare folgen Einschränkungen für ihre linearen Durchmesser, die bei Annahme kosmologischer Entfernungen bis zu einigen 10^9 pc kleiner als ≈ 1 kpc sein müssen.

Noch stärkere Einschränkungen ergeben sich aus einer für extragalaktische Objekte sehr ungewöhnlichen Eigenschaft, einer oft beobachteten Intensitätsänderung: Quasare sind „Veränderliche", die zwar nicht wie viele veränderliche Sterne unserer Galaxie eine regelmäßige Lichtkurve aufzuweisen haben, aber doch in Zeitskalen, die von Jahrzehnten bis zu Tagen und sogar Stunden reichen können, merkliche sporadische Helligkeitsschwankungen zeigen (s. Kapitel 8). Damit erhebliche Fluktuationen auftreten können, muß ein beträchtlicher Teil der Emissionsregion in seinen physikalischen Parametern variieren. Dies ist offensichtlich nur dann möglich, wenn die Lichtlaufzeit R/c über eine Emissionsregion mit linearem Durchmesser R die Schwankungs-Zeitskala τ nicht übersteigt: $R/c < \tau$. Ansonsten wäre es nämlich unverständlich, wie sich verschiedene voneinander entfernte Bereiche des Quasars über gemeinsame Aktivitäten „verständigen" könnten. Aus einer solchen Kausalitätsforderung (vgl. Kapitel 8) folgt für den Fall einer 1-Tage-Variation eine obere Grenze für den Quasardurchmesser von nur einem Lichttag oder $\approx 3 \cdot 10^{15}$ cm. Es muß hinzugesetzt werden, daß diese Bemerkung für den Kernbereich des Quasars gilt, der vermutlich der Energielieferant ist und in dem aller Wahrscheinlichkeit nach die kontinuierliche Strahlung entsteht: die äußeren linienerzeugenden Regionen sind im allgemeinen viel größer (s. Kapitel 6).

Die physikalischen Eigenschaften, die Quasare besitzen müßten, wenn sie sich in kosmologischen Entfernungen befinden würden, erwiesen sich somit als so extrem, daß die Theoretiker, die sonst sehr schnell plausible physikalische Erklärungen bei der Hand hatten, unruhig wurden und nach anderen Erklärungsmöglichkeiten der Rotverschiebung Ausschau hielten. Zunächst erhoffte man sich Unterstützung von den Gravitationstheoretikern. Neben dem Dopplereffekt kann nämlich auch ein genügend starkes Gravitationsfeld eine Verschiebung von Spektrallinien bewirken. Dieser Effekt ist zum Beispiel im solaren Gravitationsfeld nachgewiesen worden. Beide Effekte, der kinematische Dopplereffekt und der Einfluß des irdischen Gravitationsfeldes, lassen sich bei dem terrestrischen Nachweis der gravitativen Rotverschiebung von Spektrallinien mit Hilfe des Mößbauer-Effektes (Pound-Rebka-Versuch) zu einem Nulleffekt kompensieren, sind also in ihrer Wirkung austauschbar. Der ungewöhnliche Charakter der Quasare würde es durchaus nahelegen, in irgendeiner Form starke Gravitationsfelder für ihre Eigenschaften verantwortlich zu machen, wobei man die Rotverschiebung — entweder teilweise oder ganz — als gravitativ bedingt anzusehen hätte. Solche vom Prinzip her sehr attraktive Vorstellungen stießen jedoch bei ihrer konkreten Realisierung auf gewisse Schwierigkeiten: Die Linienemissionsregion der Quasare (vgl. Kapitel 5) muß so klein sein, daß der Gradient des Gravitationspotentials über diese Region nur solche Spektralverschiebungen hervorrufen darf, die die gemessene Linienbreite nicht übersteigen. Da vermutlich zahlreiche Verbreiterungsmechanismen in den Spektrallinien der Quasare wirksam sind, ergeben sich noch einschneidendere Bedingungen für den Emissionsbereich. Nimmt man hierfür zum Beispiel eine Schale der Dicke ΔR im Abstand R vom Zentrum an, so folgt aus den für 3C273 gemessenen Linienbreiten $\Delta R/R \lesssim 0{,}07$. Andererseits muß das Volumen der emittierenden Schicht hinreichend groß sein, damit bei akzeptablen Elektronendichten n_e die Linienemission ihrem Betrage gemäß erklärt werden kann. Zwar kann man die Forderungen an die Strahlungsleistung immer dadurch herabschrauben, daß man die Objekte in nähere Entfernungen setzt; unter bestimmten Bedingungen lassen sich jedoch gewisse Minimalentfernungen angeben. Nehmen wir etwa ein galaktisches Objekt von einer Sonnenmasse an, so wäre zum Erzielen einer gravitativen Rotverschiebung von 0,158 ein Radius von etwa 10 km erforderlich, wie ihn in der Tat ein Neutronenstern besitzt. Aus dem Fehlen einer Eigenbewegung für 3C273 folgt eine untere Entfernungsgrenze von etwa 100 pc und damit mit Hilfe der Wasserstoffrekombinationstheorie aus der gemessenen Strahlung in der H_β-Linie ein Mindestwert für die Elektronendichte von $6 \cdot 10^{18}\,\mathrm{cm}^{-3}$. Dieser Wert liegt so hoch, daß die in Spektren beobachteten verbotenen Linien nicht auftreten dürfen (s. Kapitel 5).

Diesen Schwierigkeiten kann man entgehen, wenn man massivere Objekte wählt, die sich dann jedoch, um z. B. gezeitenartige Störungen unserer Galaxis zu vermeiden, in extragalaktischen Entfernungen (möglicherweise im Bereich von 10 bis 100 Mpc) befinden müßten. Hier aber treten neue Schwierigkeiten auf. Abgesehen von der Problematik der Stabilität dieser Massen bleibt es fraglich, ob die Oberflächenrotverschiebung für realistische Modelle (die entweder aus Gasmassen oder aus Sternwolken bestehen müßten) genügend hohe Werte erreichen kann. Der Versuch, sich auf gravitative (nicht-kosmologische) Rotverschiebungen zu verlassen, führte nur vom Regen in die Traufe.

Einige theoretische Astrophysiker griffen daraufhin zur Selbsthilfe und postulierten als Quasarmodelle „normale", d. h. nichtrelativistische und durch ihre Eigengravitation zusammengehaltene Gaswolken, die sich in relativ nahen kosmischen (wenngleich auch extragalaktischen) Entfernungen befinden und sich zwecks Erzielung einer hinreichenden Rotverschiebung ihrer Linien mit Geschwindigkeiten nahe der Lichtgeschwindigkeit bewegen — ganz ohne Relativitätstheorie ging es natürlich nicht, doch trat sie hier in einer vergleichsweise harmlosen Form auf. Man dachte dabei wieder an kompakte, sternartige Gebilde, die von explosiven Galaxien unserer kosmischen Nachbarschaft ausgestoßen werden, deren Aufbau jedoch nicht durch relativistische Stabilitätsprobleme oder durch die Forderung einer hohen Rotverschiebung kompliziert wird.

Der erste Einwand gegen eine solche Erklärung ist sicherlich der, daß die nach der Hypothese zu erwartenden Blauverschiebungen von Spektrallinien auf uns zu bewegter Quasare nicht beobachtet werden. Falls natürlich die Quasare von unserer eigenen Galaxis emittiert wurden, so ist dieser Einwand gegenstandslos; in diesem Falle ergeben sich aber energetische Schwierigkeiten, da die kinetischen Energien der Objekte von der Ordnung ihrer Ruhmasse sind. Dieses Problem tritt zwar auch im Falle einer Ejektion der Quasare von anderen Galaxien auf, ist jedoch weniger kritisch, zumal die Massen der Quasare im Falle der lokalen Hypothese nur schwer abschätzbar sind. Dagegen bleibt die Schwierigkeit bestehen, eine Erklärung für nicht beobachtete Blauverschiebungen zu finden.

Nachdem die alternativen Deutungsmöglichkeiten der Rotverschiebung somit in mehr oder weniger exotische Theorien und Hypothesen mündeten, setzte sich die realistische Meinung durch, die Natur der extragalaktischen Rotverschiebungen aus einer sorgfältigen Analyse der Beobachtungen selbst zu enträtseln. Man konnte dabei davon ausgehen, daß die in Galaxien beobachteten Rotverschiebungen (nach Abzug eines im Vergleich zum entfernungsabhängigen Anteil im allgemeinen kleinen Betrages der Pekuliargeschwindigkeiten) tatsächlich als Hubblescher Dopplereffekt zu verstehen sind. Es dürfte nicht überraschen, daß auch dieser Standpunkt attackiert wurde (s. Kapitel 15) — aber er bot als einziger die Gewähr, von der überwiegenden Mehrzahl der Astrophysiker akzeptiert zu werden.

Es war dann offensichtlich, daß man auch die Quasar-Rotverschiebungen als Distanz-Indikatoren anzusehen hatte, wenn es gelang, Galaxien in Assoziationen mit Quasaren derselben Rotverschiebung zu finden. Natürlich war dies nur für Quasare mit relativ geringen Rotverschiebungen zu erwarten.

Eine systematische Suche nach Galaxien in der Umgebung von Quasaren mit $z < 0,36$ ergab dabei folgendes Resultat: Von den 1969 bekannten 28 Quasaren mit z-Werten zwischen 0 und 0,36 wurden 27 näher untersucht; 17 von ihnen besitzen eine oder mehrere

Galaxien in ihrer Umgebung. Von den 8 Objekten, für die Rotverschiebungsbestimmungen versucht wurden, lieferten 5 Rotverschiebungen, die mit denen der Quasare übereinstimmten, für 2 gelang keine Bestimmung, und in einem Falle (3C273) ergab sich ein stark unterschiedlicher Wert. Allerdings war auffällig, daß nur einer der mit Galaxien assoziierten Quasare (das von der mexikanischen Sternwarte Tonantzintla entdeckte Objekt Ton 256) in der Zentralregion eines Haufens liegt; auch war die quasistellare Natur der als Quasare bezeichneten Objekte nicht in allen Fällen klar (vgl. Kapitel 11).

Ein besonders interessantes Objekt war Ton 256 mit der Rotverschiebung $z = 0,131$, das zumindest spektroskopisch nicht von einem Quasar zu unterscheiden ist. Lange belichtete Platten zeigten jedoch, daß der zentrale quasarartige Kern in eine riesige elliptische Galaxie eingebettet ist, die einen linearen Durchmesser von etwa 23 kpc besitzt und deren integrierte Helligkeit etwa die Helligkeit des zentralen Kerns hat. Auch die Farben der Hülle entsprachen denen einer elliptischen Galaxie. Da zudem Ton 256 im Zentrum des Galaxienhaufens Zw 1612.7 + 2624 liegt, dürfte in diesem Objekt ein gesuchtes „missing link" (engl.: fehlendes Glied) zwischen Quasaren und Galaxien gefunden sein. Quasare sind danach nichts anderes als Galaxien mit extrem hellem Kern, d. h. Galaxien in einem besonderen Zustand ihrer Evolution.

Natürlich kann man (wie einst die Gegner der Darwinschen Abstammungslehre) argumentieren, daß Ton 256 kein Quasar ist, sondern eine typische elliptische Galaxie mit besonders hellem Kern. Es ist auch klar, daß die Frage nach der Natur der Rotverschiebung der extragalaktischen Objekte noch nicht als endgültig geklärt betrachtet werden kann (s. dazu Kapitel 15). Für die folgenden Abschnitte nehmen wir aber in der Regel an, daß sich Quasare in der Tat in den Entfernungen befinden, die ihren Rotverschiebungen gemäß der Hubble-Relation entsprechen.

5. Die Radiohülle der Quasare

Viele wichtige Aussagen über Quasare (oder auch über Radiogalaxien) lassen sich bereits aus ihrer Radiohelligkeit allein entnehmen. Im Unterschied zu ihrem optischen Erscheinungsbild, das für die meisten Quasare mit der mit optischen Teleskopen erreichbaren Genauigkeit ($\approx 1''$) punktförmig erscheint, ist die Radiohelligkeit über einen größeren Bereich an der Sphäre verteilt und zeigt bestimmte typische Eigenschaften. Das wichtigste Merkmal ist das häufige Auftreten zweier Radiokomponenten, die ziemlich genau in einer Linie mit dem optischen Objekt liegen. Etwa 65% aller helleren (mit S_{178}[1]) $> 9 \cdot 10^{-26}$ Wm^{-2} Hz^{-1}) Radioquellen besitzen eine solche Doppelstruktur mit Einzelkomponenten, die sich hinsichtlich ihrer Intensität, Größe und spektralen Eigenschaften etwas voneinander unterscheiden. Für die meisten dieser Quellen übersteigt allerdings das Intensitätsverhältnis der Komponenten nicht den Faktor 2, und für fast alle Quellen liegt das Verhältnis der Abstände zum zentralen optischen Quasar unterhalb von 1,8, so daß im allgemeinen ein fast „symmetrisches" Bild der beiden Emissionsgebiete zu sehen ist. Diese Doppelstruktur ist von den im allgemeinen viel näher gelegenen Radiogalaxien wohlbekannt (vgl. Abb. 7) und stellt einen weiteren wichtigen Hinweis dafür dar, daß Quasare ebenfalls Radiogalaxien sind — nur mit dem Unterschied, daß der Kernbereich der Galaxie offenbar außerordentlich stark „aufgeheizt" ist.

In der Tat ist es nicht möglich, allein aus Radioemissionsdaten zwischen Quasaren und Radiogalaxien zu unterscheiden (die meisten Bemerkungen dieses Abschnittes beziehen sich sowohl auf Quasare als auch auf Radiogalaxien).

Einige Radioquellen haben eine dritte Komponente, die mit dem optischen Objekt (Quasar oder Galaxie) zusammenfällt. In einer Reihe von Fällen ist nur diese Komponente vorhanden („kompakte" Quasare). Ein typisches Merkmal dieser kompakten Quasare ist das hier nur relativ wenig mit der Frequenz v variierende Spektrum: Die beobachtete Abhängigkeit von v kann gewöhnlich in einem nicht zu weiten Frequenzbereich durch einen Potenzansatz dar-

---

[1]) S_{178} bedeutet den bei der Frequenz $v = 178$ MHz gemessenen Strahlungsstrom, der in der Radioastronomie gewöhnlich in der Einheit Wm^{-2} Hz^{-1} angegeben wird.

gestellt werden, $S(v) \sim v^{-\alpha}$, wobei der Index α als Spektralindex bezeichnet wird. Für die meisten ausgedehnten Quellen liegt der Spektralindex bei 0,8, während er für kompakte Quasare kleiner als 0,5 und oft ebenso wie die Intensität zeitabhängig ist (s. Kapitel 8).

Bei einem höheren Auflösungsvermögen, bei dem auch schwächere Emissionen noch registriert werden können, zeigten sich Komplikationen dieses einfachen Bildes: Es bestehen „Emissionsbrücken" zwischen den beiden Quellen, kleine Emissionsbereiche großer Flächenhelligkeit zwischen den Doppelkomponenten und in manchen Fällen mehr als ein Paar von Quellen längs derselben Achse. Die Helligkeitsverteilung in den Doppelkomponenten erweist sich bei hoher Auflösung als von sehr komplexer Struktur. Interessant sind die Polarisationsmessungen der Komponenten: Polarisationsgrad und Richtung variieren wie die Intensität über das Emissionsgebiet, scheinen allerdings nur gering mit der nichtpolarisierten Strahlung korreliert zu sein.

Der einzige bisher vorgeschlagene Mechanismus, der die Radiostrahlung zufriedenstellend deuten kann und auch die Polarisationsbeobachtungen wiedergibt, ist die bereits erwähnte Elektronen-Synchronstrahlung, d. h. die Bremsstrahlung von Elektronen hoher Energie in einem gegebenen Magnetfeld. Unter der Annahme eines „Potenzspektrums" für die Energieabhängigkeit der Elektronen in der Form $\sim \varepsilon^{-\gamma}$ und eines hinreichend homogenen Magnetfeldes ergibt sich eine Synchronstrahlung mit einem Spektralindex $\alpha = = (\gamma - 1)/2$.

Die Doppelstruktur der Radioquellen legt die Annahme nahe, daß die beiden „Emissionswolken" vom zentralen Objekt ausgestoßen werden und sich voneinander entfernen. Da das Alter der Quellen unterhalb $T \approx 10^6$ Jahren liegen muß, sofern keine Energienachlieferung in irgendeiner Form erfolgt, und die Abstände zum Zentralobjekt relativ groß sind (sie reichen von 35 kpc bei 3C31 bis zu 750 kpc bei Centaurus A), läßt sich die mittlere Geschwindigkeit der Wolken relativistischer Teilchen leicht berechnen: Die Werte sind mit der Lichtgeschwindigkeit vergleichbar! Man wird vermuten können, daß unter solchen Bedingungen Effekte der speziellen Relativitätstheorie eine wesentliche Rolle spielen. In der Tat läßt sich unter Heranziehung speziell-relativistischer Zusammenhänge ein interessantes Verfahren zur Bestimmung einiger Parameter der Emissionswolken entwickeln.

Man denke sich zwei identische Komponenten mit gleicher Geschwindigkeit vom zentralen Quasar in einer Richtung ausgestoßen, die einen Winkel φ mit der Richtung zum Beobachter bildet. Sofern nicht zufällig $\varphi = 90°$ ist, wird der Beobachter die beiden Wolken in unterschiedlichen Entwicklungsphasen sehen, ihr „Alter" t_1 bzw. t_2 ist infolge der relativistischen Zeitdilatation verschieden von der in einem relativ zum Zentralobjekt ruhenden Bezugssystem vergangenen Zeit t_0. In ähnlicher Weise besitzen auch die Winkelabstände zur Zentralquelle Θ_1 und Θ_2 unterschiedliche Werte. Aus dem Verhältnis der Winkelabstände kann gemäß $\cos \varphi \cdot v = c\,(\Theta_2 - \Theta_1)/(\Theta_2 + \Theta_1)$ auf die (instantane) Geschwindigkeit der Wolke geschlossen werden. Hieraus läßt sich das individuelle Wolkenalter bestimmen. Die beobachteten Intensitäten der beiden Wolken müssen ebenfalls bezüglich speziell-relativistischer Effekte korrigiert werden. Man erhält daraus die Emission der Wolken in unterschiedlichen Epochen ihrer Entwicklung und kann somit Schlüsse über diese Entwicklung ableiten. Tabelle 3 zeigt einige auf diese Weise erhaltene Werte. Interessant ist die gefundene mittlere Abhängigkeit der Komponentenhelligkeiten von der Zeit: In einem Zeitraum zwischen 10^3 und 10^5 Jahren bleibt diese Helligkeit im Mittel konstant, für Zeiten $t > 10^5$ Jahre ist ein rascher Intensitätsabfall zu

Tabelle 3. Nach der Ryle-Longair-Methode bestimmte Parameter von Doppelradioquellen.
S_1, S_2 sind die Strahlungsströme der beiden Quellen,
P_1, P_2 die (spektralen) Radioleuchtkräfte

Quelle	3C33	3C47	3C109	3C390.3
Typ	Radio-galaxie	Quasar	N-Galaxie	N-Galaxie
Rotverschiebung z	0,06	0,425	0,306	0,056
S_1 in 10^{-26} W m^{-2} Hz^{-1}	9,7	2,4	1,9	7,8
S_2 in 10^{-26} W m^{-2} Hz^{-1}	3,3	1,3	2,3	3,0
Θ_1 in Bogensekunden	109	24	44	101
Θ_2 in Bogensekunden	135	38	37,5	167
v/c	0,21	0,45	0,16	0,49
t_0 in 10^3 Jahren	1730	865	2760	738
t_1 in 10^3 Jahren	1535	621	2520	515
t_2 in 10^3 Jahren	1900	999	2990	853
P_1 in W Hz^{-1} ster^{-1}	$4,64 \cdot 10^{24}$	$1,44 \cdot 10^{26}$	$2,1 \cdot 10^{25}$	$7,5 \cdot 10^{24}$
P_2 in W Hz^{-1} ster^{-1}	$7,6 \ \cdot 10^{23}$	$1,2 \ \cdot 10^{25}$	$1,5 \ \cdot 10^{25}$	$4,7 \cdot 10^{23}$
φ (angenommen)	$60°$	$60°$	$60°$	$60°$
α	0,66	0,97	0,76	0,64

beobachten. In den meisten Fällen ist bei einem Quellalter oberhalb von 10^5 Jahren kein quasistellares Objekt mehr zu finden — ein Hinweis darauf, daß Quasare ein bestimmtes Entwicklungsstadium von Radioquellen mit Lebensdauern von $T \approx 10^5$ Jahren darstellen.

Die nächstliegende Hypothese zur Erklärung der Doppelstruktur ist die Annahme einer Explosion im Zentrum des Quasars. Infolge der vermuteten galaktischen Gaswolke um den Quasar erfolgt die Ejektion relativistischen Plasmas nicht kugelsymmetrisch, sondern vorwiegend in zwei Richtungen senkrecht zur Rotationsachse. Die Anfangsphasen einer derartigen Explosion werden im Kapitel 8 noch näher betrachtet werden. Die beiden Wolken „relativistischer Materie" (bestehend aus Elektronen und wegen der erforderlichen Ladungsneutralität einer entsprechenden Anzahl von Ionen) bewegen sich selbst mit nahezu Lichtgeschwindigkeit in zwei entgegengesetzte Richtungen und emittieren durch den Synchrotroneffekt. Zwei Fragen treten sofort auf: Wie kann eine solche Teilchenwolke (die ja selbst mit nahezu Lichtgeschwindigkeit expandieren müßte) zusammengehalten werden, und woher stammt die Energie, die über einen längeren Zeitraum (10^5 Jahre) hinweg in Form von Strahlungsenergie zur Verfügung stehen müßte? Falls ein relativ dichtes intergalaktisches Medium existiert mit gegenwärtigen Dichten von der Ordnung 10^{-29} g cm^{-3}, so stellt die Bremswirkung dieses Mediums einen Mechanismus dar, der ein Zusammenhalten der Wolken bewirken könnte. Modelle dieser Art nehmen gewöhnlich an, daß die Teilchenwolken auch ein thermisches Plasma neben den relativistischen Teilchen enthalten; zwischen diesen beiden Komponenten sowie einem mitgeführten eingefrorenen Magnetfeld besteht eine enge Wechselwirkung, wobei der Hauptanteil der erforderlichen Energie von etwa 10^{60} erg in Form von kinetischer Energie des thermischen Plasmas gespeichert ist. Mit Massen der Ordnung 10^6 bis $10^8\ M_\odot$ sowie äußeren Gasdichten von 10^{-29} g cm^{-3} lassen sich Wolkengröße und Komponententrennung erklären.

Zu Gunsten eines solchen Modells spricht auch die Beobachtung, daß die Komponententrennung von Doppelquellen in Haufen (wo die Dichte der intergalaktischen Materie vermutlich höher ist als außerhalb) etwa nur die Hälfte des Wertes für Radiogalaxien außerhalb von Haufen beträgt.

Jedoch besitzt ein solches Modell auch Konsequenzen, die weniger gut mit Beobachtungen in Einklang stehen: Es ist schwierig, einen Mechanismus zu finden, der vor allem die für den kurzwelligen Teil des Spektrums ($\lambda \lesssim 1$ cm) verantwortlichen relativistischen Elektronen ständig neu erzeugt; die spektralen Beobachtungen zeigen hier keinen Abfall der Intensität. Auch bleibt die gefundene komplexe Struktur der Wolken bezüglich Intensität und Polarisation unerklärt. Schließlich ist es fraglich, ob die Grundvoraussetzung des Modells, die Existenz eines hinreichend dichten intergalaktischen Mediums, tatsächlich erfüllt ist. Es wurden daher auch andere Modelle vorgeschlagen. Beispielsweise könnte das Zentralobjekt statt einer nahezu homogenen Plasmawolke eine große Zahl kleiner kompakter Objekte emittieren, die Massen von 10^6 bis $10^8\ M_\odot$, Radien von 10^{-2} bis 1 pc besitzen und deren kinetische Energien in irgendeiner noch nicht näher geklärten Form die Energielieferanten für die erforderlichen hochenergetischen Partikel zu sein hätten. Für den „Ausstoßmechanismus" der kompakten Objekte selbst gibt es Erklärungsmöglichkeiten, wie z. B. den gravitativen Katapultmechanismus: Drei im Zentralobjekt stark gravitativ wechselwirkende Körper entwickeln sich gewöhnlich in der Weise, daß ein enges Doppelpaar gebildet und das dritte Objekt abgestoßen wird. Das Paar fliegt in die entgegengesetzte Richtung des ausgestoßenen Objekts, in Einklang mit der Doppelstruktur der Radioquellen. Eine gewisse Stütze findet diese Hypothese in der Existenz von kleinen kompakten Strukturen der Helligkeitsverteilung der beiden Komponenten, die mit Hilfe der ersten Hypothese schwer zu erklären sind.

Eine dritte Klasse von Modellen nimmt an, daß relativistische Objekte wie Pulsare oder „Spinare" (s. Kapitel 10) im Zentralobjekt niederfrequente elektromagnetische Strahlung hoher Intensität emittieren, die nach außen drängt und zwei „Ausbuchtungen" in Form von Wellenleitern erzeugt, in denen geladene Teilchen auf relativistische Geschwindigkeiten beschleunigt werden können.

Man sollte vermuten, daß eine geeignete Kombination dieser verschiedenen Modellvorstellungen der Realität sehr nahe kommen würde. Gegenwärtig sind die verschiedenen Modelle aber — von Ausnahmen abgesehen — bezüglich ihrer verschiedenen theoretischen Konsequenzen noch nicht genügend durchgearbeitet. Wesentliche Fortschritte im Verständnis der hier wirkenden physikalischen Faktoren lassen sich wohl erst dann erreichen, wenn die Anfangsphasen der Ejektion (und damit auch der physikalische Mechanismus der Ejektion) besser verstanden sind. Dies erfordert eine nähere Untersuchung der physikalischen Bedingungen in der unmittelbaren Quasarumgebung. Wir gehen daher zunächst auf die sich aus dem Studium der Linienemission der Quasare ergebenden Schlüsse ein.

6. Wo entstehen die Spektrallinien?

Eine Inspektion von Quasarspektren zeigt Emissionslinien und Absorptionslinien, wobei sowohl erlaubte als auch verbotene Linien auftreten. Ein typisches Merkmal dieser Spektren sind sehr breite Emissionslinien mit Weiten zwischen 50 und 100 Å, die erlaubten Übergängen von Kohlenstoff-, Stickstoff-, Silizium-Ionen sowie Wasserstoff (Lyman α) entsprechen. Die Absorptionslinien erscheinen dagegen gewöhnlich scharf (Abb. 10), und auch verbotene Emissionslinien haben geringere Weiten als erlaubte Linien. Der besondere Reiz einer Untersuchung von Quasarspektren liegt darin, daß durch die Rotverschiebung Linien in den Bereich des „optischen

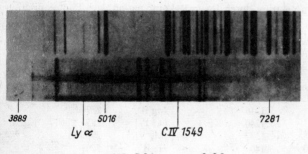

Abb. 10. Das Spektrum von 4C5.34, erhalten mit dem Lick-Spiegel, in den Wellenlängenbereichen von 3700 bis 5000 Å und 4000 bis 7000 Å. Man beachte die Stärke der Emissionslinien von Ly α und C IV, $\lambda = 1549$ Å. — Das Spektrum enthält auch starke Nachthimmellinien

Fensters" der Erdatmosphäre gelangen, die weit im Ultravioletten liegen und sonst für normale Sterne nur mit Hilfe von Satelliten und Raumstationen außerhalb der Erdatmosphäre (oder allenfalls bei Raketenaufstiegen) beobachtet werden können. Für $z \gtrsim 2$ ist die Rotverschiebung so groß, daß selbst die Lyman-α-Linie des Wasserstoffs ($\lambda_0 = 1216$ Å) vom irdischen Spektrographen registriert wird und studiert werden kann, und bei den kürzlich entdeckten Quasaren extrem hoher Rotverschiebung kann selbst hinter der Lyman-Seriengrenze noch ein beträchtlicher Teil des Kontinuums gemessen werden (s. Abb. 10). Dies verschafft dem Spektroskopiker ein reiches Beobachtungsmaterial (s. Tab. 4 für die häufigsten Emissionslinien in Quasarspektren).

Man könnte denken, daß der reiche Informationsgehalt eines Quasarspektrums (wie Art und Vorhandensein von Linien, deren Stärke und Breite, der Verlauf des Kontinuums) auch sehr detaillierte Schlüsse über die Natur der Quasare liefern sollte. In Wirklichkeit ergeben sich nur Aussagen über die Emissionsregion, in der, wie sich zeigt, völlig normale physikalische Bedingungen herrschen, die auch in unserer Galaxis auftreten. Der allgemeine Eindruck des Emissionslinienspektrums ist der, daß es in einem heißen Gas mit (wegen des Vorhandenseins verbotener Linien) ziemlich niedriger Dichte entstanden sein muß, wobei die chemische Zusammensetzung nicht allzu stark von der in unserer kosmischen Nachbarschaft (für galaktische Sterne usw.) beobachteten abweichen sollte. Die Spektren ähneln denen heißer galaktischer Gasnebel, insbesondere denen der sogenannten „planetarischen Nebel". In diesen Nebeln entsteht das Linienspektrum durch Ionen-Rekombination nach Photoionisation

Tabelle 4. Wichtigste Emissionslinien in Quasarspektren im Wellenlängenbereich von 1200 bis 5000 Å

Linie	Wellenlänge (Å)	Linie	Wellenlänge (Å)
Ly α	1216	Mg II	2798
N V	1240	[Ar IV]	2854, 2869
Si IV	1397	[Mg V]	2931
[O IV]	1406	He II	3203
C IV	1549	[Ne V]	3346, 3426
He II	1640	[O II]	3727
[O III]	1664	[Ne III]	3869, 3968
[C III]	1909	[O III]	4363, 4959, 5007
[C II]	2326	Balmerlinien	4102, 4340, 4861

infolge der ultravioletten Strahlung eines heißen Zentralsterns. Die zugehörige Theorie ist vollständig bekannt und gestattet es, aus dem beobachteten Linienspektrum auf die physikalischen Bedingungen im Nebel zu schließen. Die Stärke einer Emissionslinie wird von der Anzahl der Atome bestimmt, die sich im entsprechend höher angeregten Zustand befinden. Nimmt man stationäre Verhältnisse an, so muß die mittlere Zahl der Übergänge in einen Zustand gleich der Zahl der aus diesem Zustand führenden Prozesse sein. Diese Gleichgewichtsbedingung erlaubt es im Prinzip, bei vorgegebener UV-Einstrahlung die Besetzungszahlen aller Zustände zu bestimmen. Dabei treten erhebliche Abweichungen vom thermodynamischen Gleichgewicht auf. Besonders wichtig für die Bestimmung der Elektronendichten im Gasnebel ist das Vorhandensein verbotener Linien. Hierbei werden Atome und Ionen durch Elektronenstoß vom Grundzustand aus in metastabile Bahnen gehoben, die nicht durch hier verbotene Strahlungsübergänge, sondern nur wieder durch Stoßprozesse „entvölkert" werden können. Sind somit verbotene Linien vorhanden, d. h. etwa die oberen Zustände der [O II]-Linien $\lambda = 3726, 3729$ besetzt, so ergeben sich obere Grenzen für die Elektronendichte n_e. Die aus solchen Überlegungen bestimmten Werte von n_e liegen für einen „mittleren" Quasar bei $3 \cdot 10^6$ cm^{-3}, die Elektronentemperaturen sind von der Ordnung $1,5 \cdot 10^4$ K.

Interessant und wichtig ist die Größe der emittierenden Schichten. Aus der bei kosmologischer Interpretation bekannten Entfernung der Quasare und aus der Äquivalentbreite der H_β-Linie läßt sich leicht die Emission in dieser Linie abschätzen, sie erreicht für 3C48 bzw. 3C273 den Wert $6 \cdot 10^{42}$ erg/s bzw. $9 \cdot 10^{43}$ erg/s. Da sich die Emission pro Volumenelement nach der Rekombinationstheorie leicht aus der bekannten Elektronendichte und Elektronentemperatur berechnen läßt, folgt sofort auch die Größe der Emissionsregion in diesen Quasaren sowie die Gesamtmasse dieser Region. (Bei diesen Berechnungen muß ein bestimmtes kosmologisches Modell angenommen werden; die resultierenden physikalischen Daten über die Emissionsregion hängen aber im allgemeinen nicht kritisch hiervon ab.)

Diese Ergebnisse legen es nahe, sich einen Quasar aus einem (oder vielleicht mehreren) Kernbereichen der Größe $d \lesssim 1$ pc vorzustellen, die intensive ultraviolette Strahlung emittieren und von einer ausgedehnten Gashülle mit Radien von der Ordnung einiger Parsec umgeben sind. Es ist durchaus möglich, daß es sich hierbei um den hochangeregten Kernbereich einer normalen Galaxie handelt.

Gewisse Schwierigkeiten bereitet die Erklärung der Breite der Emissionslinien. Erlaubte Linien sind gewöhnlich breiter als verbotene. Zu den breitesten Linien gehören die Resonanzlinien Ly α, die Linien des 3fach ionisierten Kohlenstoffs C IV mit $\lambda = 1549$ Å und die Linie des ionisierten Magnesiums Mg II, $\lambda = 2798$ Å. Einen gewissen Hinweis auf die Ursache der Verbreiterung geben die Spektren von Seyfert-Galaxien (vgl. Kapitel 1). Auch hier treten breite Linien hochangeregter Elemente in Emissionen auf, wobei die Wasserstoff- und Heliumlinien am breitesten erscheinen. Die gewöhnliche Deutung ist die einer Doppler-Verbreiterung; d. h., es sollten turbulente Gasmassen existieren, deren kinetische Energie sogar Quelle der optischen Strahlungsenergie sein könnte: Die aus den Linienweiten folgenden Geschwindigkeiten erreichen immerhin mehrere tausend km/s. Für 3C48 und 3C273 ergeben sich bei einer Doppler-Deutung der Linienbreiten Geschwindigkeiten zwischen 2000 bis 3000 km/s. Um so rasch bewegte Gasmassen durch gravitative Bindung in der Nähe des Kerns zu halten, wäre mit den in Tab. 5 gegebenen Daten eine zentrale Masse von $10^9 \, M_{\odot}$ erforderlich. Noch höhere Massen sind nötig, damit das Gas der Quasarhülle nicht durch den Druck der ionisierenden Strahlung nach außen gedrückt wird.

Eine andere Erklärung der Linienbreiten ist die Annahme von Elektronenstreuung als Verbreiterungsmechanismus. In der Tat ergibt sich mit den Daten von Tab. 5 für die Linienemissionsregion von 3C273 eine optische Tiefe[1]) gegenüber Elektronenstreuung von der Ordnung $\tau \approx 10$. Optische Tiefen dieser Größen sind für Quasare aber kaum akzeptabel: Eine beträchtliche Linienverbreiterung ergibt sich auch bei wesentlich kleineren τ, vor allem aber würde eine optisch dicke absorbierende Schicht um einen Quasar die mit Zeitskalen von Tagen und Monaten tatsächlich beobachteten Variationen der höchstwahrscheinlich aus dem Zentralbereich stammenden kontinuierlichen Strahlung nicht erkennen lassen. Man muß daher ein inhomogenes Modell für die Quasarhülle annehmen, in der die Wasserstoffemissionsregion relativ dichte Filamente (mit Elektronendichten, wie sie in Tab. 5 angegeben sind) besitzt, die in einem sehr viel größeren optisch dünnen Medium eingebettet sind:

---

[1]) Die „optische Tiefe" τ, eine dimensionslose Zahl, gibt die vom Strahlungsfeld durchlaufene Strecke nach Multiplikation mit dem Absorptionskoeffizienten an. Optische Tiefen $\tau \gtrless 1$ bedeuten eine hohe Wahrscheinlichkeit für ein Photon, auf dieser Strecke in einen Wechselwirkungsprozeß verwickelt zu werden.

Tabelle 5. Parameter der Linienemissionsregion in 3C48 und 3C273

Quelle	Helligkeit in H_β (erg/s)	Helligkeit im sichtbaren Bereich (erg/s)	R (pc)	n_e (cm^{-3})	$M_H/M_\odot$
3C48	$6 \cdot 10^{42}$	10^{45}	10	$3 \cdot 10^4$	$5 \cdot 10^6$
3C273	$9 \cdot 10^{43}$	$4 \cdot 10^{45}$	1,2	$3 \cdot 10^6$	$6 \cdot 10^5$

Der „Füllfaktor" dieses Mediums ist lediglich von der Ordnung $\approx 10^{-2}$, so daß sich die Variationen des Kontinuums ungestört beobachten lassen.

Bei den hohen Elektronentemperaturen reichen dann zur qualitativen Erklärung der Linienbreiten schon optische Tiefen in den Filamenten aus, die kleiner als 1 sind.

In den letzten Jahren ist eine andere Möglichkeit der Entstehung und Verbreiterung von Emissionslinien vorgeschlagen worden, die „suprathermische" Ionen voraussetzt. Es wird angenommen, daß diese Teilchen durch explosive Prozesse im Quasarkern entstehen und in radialer Richtung nach außen strömen. Mit dem teilweise ionisierten Gas, durch das sie strömen, treten sie in Wechselwirkung. Atomare Stoßprozesse bestimmen dann alle Einzelheiten der Linienemission. Auf diese Weise lassen sich zahlreiche beobachtete Feinheiten deuten, wie bestimmte asymmetrische Linienprofile, oder auch die Beobachtung, daß sich die aus den Maxima verschiedener Emissionslinien bestimmten Rotverschiebungen etwas voneinander unterscheiden. Obwohl auch ein solches Modell einige Schwierigkeiten aufweist (beispielsweise sollten schmale Wasserstofflinien vorhanden sein, die von der Anregung des durchströmten Gases herrühren), scheinen doch seine allgemeinen Aspekte die Verhältnisse in der Quasar-Emissionsregion besser darzustellen als das alte Photoionisationsmodell. Es bedarf jedoch noch vieler Diskussionen, um die relativ komplizierten physikalischen Verhältnisse in der Emissionsregion (deren Parameter sehr wahrscheinlich innerhalb dieser Region variieren und die natürlich auch von Quasar zu Quasar verschieden sind) aus den Spektren abzuleiten.

7. Geheimnisvolle Absorptionen

Nicht genug damit, daß bereits die Emissionslinien der Quasare hinreichend Material liefern, um eine Generation von Spektroskopikern und Theoretikern zu beschäftigen — Quasare zeigen oft auch Absorptionen in ihren Spektren, vielfach in überreichlichem Maße. 3C191 mit der aus Emissionslinien bestimmten Rotverschiebung $z = 1,953$ war der erste Quasar, in dem eine große Anzahl von Absorptionslinien gefunden wurde. Im Unterschied zu den Emissionslinien sind Absorptionslinien gewöhnlich schmal. Der Versuch ihrer Identifizierung als mit dem Faktor $(1 + z) = 2,953$ rotverschobene Linien der gleichen Elemente, die auch für die Emissionslinien verantwortlich sind, scheiterte zunächst: Es war nötig, für die Absorptionslinien eine andere Rotverschiebung, $z = 1,977$, anzunehmen. Man konnte dann aber den größten Teil der Linien identifizieren (Tab. 6). Die Linien entsprachen Absorptionen vom Grundzustand vorwiegend hochangeregter Elemente, wie Stickstoff, Silizium und Kohlenstoff.

Für die Erklärung der Absorptionslinien gibt es zwei grundsätzliche Möglichkeiten: Entweder nimmt man an, daß die Differenz in der Linienverschiebung durch die Geschwindigkeit der absorbierenden Massen bedingt ist, wobei diese in der Umgebung der Quasare zu erwarten sind, oder man deutet die Rotverschiebungsdifferenz kosmologisch, d. h., der zum Beobachter gelangende Lichtstrahl durchläuft die absorbierenden Wolken zu einem Zeitpunkt, der der Absorptionsverschiebung entspricht. Im zweiten

Tabelle 6. Absorptionslinien im Spektrum von 3C191

Linie	Wellenlänge (Å)	Linie	Wellenlänge (Å)
Si II	1190,4	C II	1335,3
Si II	1194,2	Si IV	1393,8
Si III	1206,5	Si IV	1402,8
Ly α	1215,7		
N V	1238,8	Si II	1526,7
N V	1242,8	Si II	1533,4
Si II	1260,4	C IV	1548,2
Si II	1264,8	C IV	1550,8
S II	1231,8		

Falle könnten zum Beispiel durchlaufene Galaxienhaufen, Halogebiete von Einzelgalaxien oder vielleicht auch gasförmige Kondensationen der intergalaktischen Materie Ursache der Absorption sein.

Woher stammen also die Absorptionslinien? Entstehen sie in unmittelbarer Quasarumgebung, oder geben sie uns Auskunft über die physikalischen Verhältnisse in den Weiten des intergalaktischen Raumes? Auch heute läßt sich noch keine endgültige Antwort auf diese wichtige Frage geben. Einige Argumente, insbesondere gewisse Korrelationen zwischen den Emissions- und Absorptionsspektren, lassen jedoch eher an bewegte absorbierende Wolken in der Quasarumgebung denken. Der Unterschied in der Rotverschiebung der Emissions- und Absorptionslinien ist zudem in vielen Fällen, z. B. in 3C191 mit 600 bis 1000 km/s, genügend klein, um diese Annahme als plausibel erscheinen zu lassen. In der Tat wird eine ähnlich zu deutende Verschiebung zwischen Emissions- und Absorptionslinien auch in den Spektren heißer Sterne unserer Galaxis beobachtet. Eine gewisse Schwierigkeit einer solchen Deutung besteht allerdings darin, daß erklärt werden muß, warum die Geschwindigkeitsdispersion in der absorbierenden Wolke (abgeleitet etwa aus den Weiten der Absorptionslinien) so sehr viel kleiner (um einen Faktor $5 \cdot 10^{-4}$ kleiner) als die Ejektionsgeschwindigkeit dieser Wolken ist.

Für die absorbierenden Regionen ergeben sich aus den beobachteten Spektren eine Reihe physikalischer Einschränkungen. Um die Absorption zu erklären, muß sich längs der Gesichtslinie zum Quasar eine hinreichende Anzahl absorbierender Atome befinden, und dies erfordert bei vorgegebener Dichte eine gewisse minimale räumliche Ausdehnung der Absorptionswolken. Die Teilchendichte kann ebenfalls abgeschätzt werden: In einigen Fällen kann man auf die Existenz angeregter Feinstrukturzustände bestimmter Ionen schließen; z. B. entstehen in 3C191 aus derartigen Zuständen einige Linien des ionisierten Siliziums. Zu ihrer Anregung sind bestimmte minimale Elektronendichten erforderlich. Umgekehrt kann auch aus der Abwesenheit dieser Linien eine Aussage über die Dichte gewonnen werden. Für viele Quasare ist ein hinreichend dünnes Gas in einer Region von 10 pc mit einer Masse von etwa einer Sonnenmasse durchaus ausreichend, um die Absorptionslinien zu produzieren. Wenn schließlich noch angenommen wird, daß ein typischer Sehstrahl zum Quasar mehrere dieser Wolken durchkreuzt, so kann auch ein Linienspektrum erklärt werden, in dem mehrere Systeme von Absorptionslinien auftreten. Derartige quasistellare Quellen existieren in der Tat, in der Hauptsache für große Emissionsverschiebungen: Beispielsweise besitzt der Quasar 4C05.35 ein reichhaltiges Spektrum, in dem man nicht weniger als 8 Absorptionslinien-Rotverschiebungungssysteme glaubt nachweisen zu können, sämtlich mit Rotverschiebungen, die kleiner als die Emissionsrotverschiebung sind. In einigen Fällen erwies sich auch die Absorptions-Rotverschiebung größer als die aus Emissionslinien bestimmte, ein Umstand, der mit Hilfe des Wolkenmodells leicht erklärt werden kann. Die Tatsache, daß nur ein Teil der Quasare hoher Rotverschiebung viele Absorptionssysteme aufweist, spricht ebenso wie die Beobachtung, daß im Kern der Seyfert-Galaxie NGC 4151 ebenfalls rotverschobene schmale Absorptionskomponenten einer Linie gefunden wurden, zweifellos gegen eine Entstehung der Linien im intergalaktischen Raum.

In manchen Fällen erwies sich auch die Absorptionslinie als breit: Das mit dem Tautenburger Schmidtspiegel entdeckte Richter–Sahakjan-Objekt Nr. 23 z. B., ein Quasar mit der Emissionsrotverschiebung $z = 1,908$, besitzt breite Absorptionslinien auf der violetten Seite der etwas schmaleren Emissionslinien. Ein entsprechendes Modell wäre vermutlich eine vom Strahlungsdruck nach außen getriebene Absorptionsschicht mit großen Geschwindigkeitsgradienten.

Besonders interessant sind eine Reihe von Fällen, in denen Absorptionslinien in den Flügeln starker Emissionslinien, und zwar auf der blauen Seite dieser Linien, beobachtet werden, so etwa in OQ 172, dem Quasar mit der gegenwärtig größten Rotverschiebung $z = 3,53$: im blauen Flügel der Lyman α-Linie, die bei der Wellenlänge $\lambda = 5533 \, \text{Å}$ sehr bequem beobachtet werden kann, sitzt eine zum Absorptionssystem $z = 2,564$ gehörige Linie C IV, $\lambda = 1548 \, \text{Å}$ und $1551 \, \text{Å}$. Man kann sich dieses (in der englischen Literatur als „line locking" bezeichnete) Phänomen erklären, wenn das absorbierende Gas vom Strahlungsdruck der zentralen Quelle nach außen getrieben wird. In diesem Falle ist die gegenseitige Linienplazierung in einer Art „stabilen Gleichgewichts". Wäre nämlich die Absorptionsverschiebung größer, d. h. die Wolkengeschwindigkeiten höher, so müßte dazu der in erster Linie von den Lyman α-Photonen erzeugte Strahlungsdruck höher sein. Ein solcher Effekt kann jedoch nicht eintreten, da die Absorptionslinie dann mehr in den zentralen Bereich der Lyman α-Linie rücken würde, d. h. mehr Lyman α-Photonen absorbiert werden und der Strahlungsdruck wieder sinken würde.

Alle Linien, von denen bisher die Rede war, wurden im optischen Spektrum gefunden. In den letzten Jahren hat sich gezeigt, daß die

Bestimmung der Rotverschiebung aus den Spektrallinien keine Domäne der optischen Astronomen mehr ist. Auch die Radioastronomie trägt mehr und mehr dazu bei, die Dynamik kosmischer Objekte aus Linienverschiebungen zu enträtseln. In erster Linie waren es die Spektren mehr oder weniger komplexer Moleküle, die bis in den Radiobereich reichen und die auf diese Weise in der interstellaren Materie unserer Galaxis entdeckt werden konnten. Im intergalaktischen Raum ist es hauptsächlich der Wasserstoff, der so nachgewiesen werden kann: Die dem Hyperfeinstruktur-Übergang des neutralen Wasserstoffs entsprechende Spektrallinie liegt bei 1420 MHz oder 21 cm und ist relativ leicht meßbar. Für eine große Anzahl nahe gelegener Galaxien liegen jetzt radioastronomisch bestimmte Rotverschiebungen vor, die sich in guter Übereinstimmung mit den optisch gewonnenen Werten befinden. Kürzlich gelang nun sogar die Feststellung einer Absorptionslinie bei 839 MHz im Radiospektrum des Quasars 3C286, der eine (optisch bestimmte) Rotverschiebung von $z = 0,87$ besitzt. Die gefundene Linie, wenn sie als eine rotverschobene 21-cm-Linie des Wasserstoffs gedeutet wird, entspricht einer Rotverschiebung von $z = 0,69$. Die geringe Linienbreite weist auf eine Geschwindigkeitsdispersion der absorbierenden Wasserstoffwolke von weniger als 10 km/s hin. Die Deutung dieser Beobachtung ist schwierig. Die Existenz einer absorbierenden neutralen Wasserstoffwolke so kleiner Geschwindigkeitsdispersion, aber außerordentlich hoher Geschwindigkeit, ist etwas unwahrscheinlich, so daß hier vielleicht doch die kosmologische Deutung zutreffen könnte. Dies würde bedeuten, daß wir die Radiostrahlung von 3C286 durch eine in Gesichtsrichtung liegende Galaxie mit der Rotverschiebung 0,69 hindurch „sehen", deren neutraler Wasserstoff die Absorptionslinie entstehen läßt. Damit hätte man die Möglichkeit, mit radioastronomischen Methoden Galaxien zu studieren, die sich weit außerhalb der Reichweite der normalen optischen Teleskope befinden.

8. Unruhige Quasare

Zweifellos ist die merkwürdigste und geheimnisvollste Eigenschaft der Quasare die, daß ihre Helligkeit zeitlichen Schwankungen unterliegt. Wenn von Supernova-Explosionen in fernen Galaxien abgesehen wird, waren bisher Helligkeitsänderungen extragalaktischer Systeme unbekannt. Wie sollte sich auch die Strahlung eines Sternsystems, die sich aus der vieler Milliarden Einzelsterne zusammensetzt, in kurzer Zeit um Beträge ändern, die von der Größenordnung dieser Strahlung selbst sind?

Dazu wäre es erforderlich, daß sich alle Sterne verabreden, von einem Zeitpunkt ab, sagen wir, nur die Hälfte der erzeugten Kernenergie abzugeben. Dies ist ein absurder Gedanke, da allein für ihre „Verständigung" (sprich: für die Übertragung des die Helligkeitsänderung physikalisch auslösenden Faktors) Zehntausende von Jahren erforderlich wären. In kurzer Zeit Δt auftretende große Helligkeitsschwankungen können also, wie schon in Kapitel 4 bemerkt wurde, nur bedeuten, daß der fluktuierende Anteil der Strahlung aus einem sehr kleinen Bereich mit linearen Ausmaßen $R < c \Delta t$ stammen muß, der also kleiner als die während Δt vom Licht zurückgelegte Strecke ist. Je raschere Helligkeitsschwankungen beobachtet werden, desto drastischer sind die Einschränkungen, die an ihre Emissionsregion gestellt werden müssen, desto interessanter wird aber auch der physikalische Mechanismus, der hier am Werke ist.

Einer der ersten Quasare, in denen optische Fluktuationen nachgewiesen werden konnten, war der Quasar 3C273. Mit einer scheinbaren photographischen Helligkeit $m = 13$ ist er so hell, daß er auch mit Teleskopen mittlerer Größe leicht verfolgbar war. Große Sammlungen photographischer Himmelsaufnahmen, wie diejenigen des Harvard-Observatoriums und der Sonneberger Sternwarte, enthielten bereits reiches Material über diese Himmelsregion. 3C273 war in der Tat auf Tausenden Photoplatten zu sehen, die teilweise bis ins vergangene Jahrhundert zurückreichen. Sie zeigten zunächst, daß die enorme Helligkeit des Quasars kein kurzzeitiges Phänomen ist, sondern zumindest über einen Zeitraum von fast einem Jahrhundert im Mittel nahezu konstant blieb. Dieser „säkularen Stabilität" sind jedoch sicher nachgewiesene Fluktuationen mit Zeitskalen von der Ordnung Jahre überlagert, die vor 1930 mehr oder weniger sporadisch waren und später quasiperiodischen Charakter anzunehmen schienen, mit einer mittleren Periode von etwa 13 Jahren; die Helligkeitsschwankungen liegen zwischen $m = 12,3$ und $12,9$ (Abb. 11). Andere, aus der Beobachtung abgeleitete Angaben wie eine schwache säkulare Helligkeitsabnahme oder eine lineare Perioden-Amplitude-Beziehung sind unsicher. Dagegen wurden Fluktuationen mit Zeitskalen von Monaten und sogar Tagen und Helligkeitsänderungen von 0,5 Größenklassen nachgewiesen.

Dramatischer, d. h. in teilweise noch kürzeren Zeitskalen und mit größeren Amplituden erfolgten optische Helligkeitsänderungen in einigen anderen Quasaren. Bereits 1961, als der Quasar 3C48 noch als „Veränderlicher" unserer Milchstraße galt, wurden für ihn Variationen im Verlauf von Stunden, d. h. während einer einzigen Beobachtungsnacht, nachgewiesen. Besonders große Helligkeitsschwankungen wies der Quasar 3C446 auf, der im Oktober 1965 noch eine scheinbare (visuelle) Helligkeit von 18,4 besaß, dann aber innerhalb eines halben Jahres um nicht weniger als 3,2 Größenklassen zunahm, d. h. um einen Faktor 20 in der Intensität. Auch später zeigte er sich als außerordentlich aktiv und schwankte innerhalb von Wochen um einen Faktor 10, innerhalb von 24^h um einen Faktor bis zu 2. Es ist interessant, daß diese Helligkeitsänderungen nur die Kontinuumsstrahlung betrafen und sich zunächst nicht auf das Linienspektrum auswirkten. Dies weist wieder darauf hin, daß das Kontinuum im Unterschied zu den Linien (Kapitel 7) aus einem sehr kleinen Bereich in der unmittelbaren Umgebung des Quasarkerns stammt. Kleine Intensitätsschwankungen in relativ kurzen Zeiträumen scheinen ein gemeinsames Kennzeichen fast aller Quasare zu sein.

Besonders interessant wurde die Frage, ob auch die Radiostrahlung der Quasare variabel ist, die ja mindestens im langwelligen Bereich der Theorie nach in Plasmawolken mit Ausdehnungen von 100 kpc und mehr in der Quasarumgebung erfolgen sollte (Kapitel 5). Die ersten sicheren Anzeichen einer Variation auch der Radiostrahlung kamen für 3C273: Auf der Wellenlänge von 3,75 cm zeigte die mit dem optischen Objekt zusammenfallende kompakte Radioquelle 3C273B ein Anwachsen der Strahlung um etwa 17 % pro Jahr; eine ähnliche Variation zeigte sich auch auf noch kürzeren Wellenlängen: Im Millimeterbereich z. B. schwankt 3C273 über eine Periode von Monaten. So kurzzeitige Variationen wie für die optische Strahlung findet man allerdings nicht: Die aus der o. g. Bedingung folgenden Maximaldimensionen der Emissionsgebiete sind hier größer, aber immer noch klein gegenüber den in Kiloparsec zu messenden Emissionswolken der langwelligen Radiostrahlung. Dem entspricht

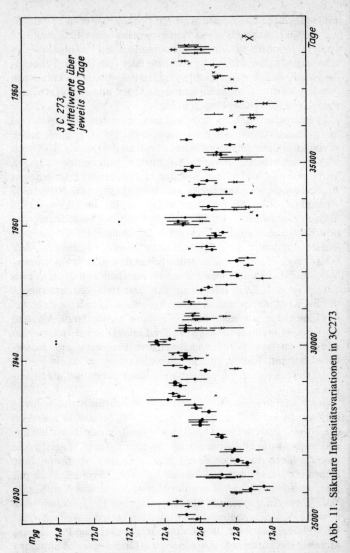

Abb. 11. Säkulare Intensitätsvariationen in 3C273

es, daß nur in kompakten, teilweise nicht auflösbaren Radioquellen zeitliche Schwankungen gefunden wurden.

Es gibt auch im Radiobereich keine sicheren Anzeichen für periodische Phänomene. Im Gegenteil, alles spricht dafür, daß zu nicht voraussagbaren Zeitpunkten Strahlungsausbrüche auftreten, die zuerst auf kurzen Wellenlängen erscheinen und später, mit reduzierter Amplitude, zu längeren Wellen hinübergreifen. Abbildung 12 zeigt einen solchen Ausbruch für die Quelle 3C273B. In einigen Fällen scheinen Ausbrüche gehäuft aufzutreten, so daß es schwierig ist, individuelle Komponenten zu unterscheiden, wie z. B. für den Kern der Seyfert-Galaxie NGC 1275 (s. Abb. 1), in der ebenfalls Schwankungen in der Radiointensität beobachtet werden.

Manche Einzelheiten dieser Erscheinungen ließen sich, wie zuerst von *Schklowski* gezeigt wurde, recht überzeugend mit Hilfe der Synchrotronstrahlungstheorie deuten. Hiernach entsteht durch ein explosives Ereignis unbekannten Ursprungs im Quasarkern eine Wolke expandierender relativistischer Teilchen. Zu Beginn des Ausbruches, als die Teilchendichten noch relativ hoch waren, ist diese Wolke „optisch dick" gegenüber Synchrotronselbstabsorption, d. h., für alle Frequenzen $\nu < \nu_m(t)$ wird die von den im Magnetfeld der Wolke spiralenden relativistischen Elektronen erzeugte Strahlung noch in der Wolke absorbiert; nur ein kleiner, mit fallenden Frequenzen wie $\nu^{5/2}$ abnehmender Teil der Strahlung gelangt nach außen; der Ausbruch ist auf langen Wellenlängen noch nicht sichtbar. Mit der Expansion der Wolke nehmen das Magnetfeld, die Energie der Elektronen sowie die Teilchendichte ab, die Wolke wird für Strahlung größerer Wellenlängen durchlässig („optisch dünn"), und das Maximum der Strahlung verschiebt sich in Richtung dieser größeren Wellenlängen (Abb. 12).

Besonders gut ließen sich diese Voraussagen der Synchrotrontheorie im Falle der Radiogalaxie 3C120 verfolgen, wo innerhalb von vier Jahren drei deutlich getrennte Ausbrüche nachgewiesen werden konnten. Es war dabei sehr bemerkenswert, daß die Ausbrüche in den Kernen von Radiogalaxien in keiner Weise hinsichtlich der Zeitskala und des Helligkeitsverlaufes von denen in quasistellaren Quellen verschieden sind — bis auf die Tatsache, daß die Intensitäten in Quasaren oft um einige Zehnerpotenzen höher liegen als in Radiogalaxien und gelegentlich sogar die Totalhelligkeit der stärksten Radiogalaxie, Cygnus A, übersteigen. Aussagen hierüber erhält man aus den Winkeldurchmessern der Radioquellen. Die Fortschritte, die in den letzten Jahren mit Hilfe der „Radiointerferometrie großer Basislängen" bei der Bestimmung kleinster Winkelabstände in Radioquellen gewonnen wurden (s. Kapitel 14), ermöglichen es nämlich, die Durchmesser Θ der expandierenden Plasmaklumpen direkt zu messen und den zeitlichen Verlauf ihrer Expansion sozusagen Auge in Auge zu verfolgen.

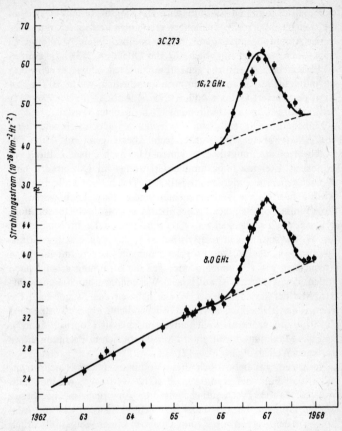

Abb. 12. Radioausbruch in 3C273B

Ist diejenige Frequenz v_c, bei der Synchrotronselbstabsorption einsetzt, bekannt, so ergibt sich aus Θ, v_c und der Entfernung der Quelle sofort der Energieinhalt der Quelle in Form von kinetischer Energie der relativistischen Elektronen und Magnetfeldenergie. Die hieraus abgeleiteten Werte hängen über hohe Potenzen von Θ, v_c ab und sind daher verhältnismäßig empfindlich gegen Änderungen dieser Größen; es ergeben sich Werte im Bereich von 10^{52} bis 10^{48} erg, wobei der untere Bereich für Ausbrüche in Radiogalaxien gilt, während Ausbrüche in quasistellaren Radioquellen gewöhnlich energiereicher sind. Zum Vergleich sei noch erwähnt, daß für ausgedehnte Radioquellen Energiebeträge von 10^{58} bis 10^{61} erg erforderlich sind.

Die Grenzen der Anwendbarkeit des einfachen Expansionsmodells zeigten sich kürzlich bei dem Quasar 3C454.3 ($z = 0,86$). Bei dieser Quelle wurden nämlich Helligkeitsschwankungen der Ordnung 50% im Verlaufe weniger Jahre gefunden, die sogar noch auf der relativ niedrigen Frequenz von 408 MHz zu beobachten waren. Radiointerferometrische Durchmesserbestimmungen des Objektes zeigen, daß 62% der Strahlung bei 400 MHz von einem Volumen mit einem Durchmesser von $0\overset{''}{,}015$ stammt, der bei einer Entfernung von 5000 Mpc des Quasars eine lineare Ausdehnung von nicht weniger als $R \approx 110$ pc hat. Hier wäre also im Widerspruch zur Faustformel $R \lesssim c\,\Delta t$ die Lichtlaufzeit Δt über das Emissionsvolumen größer als die Zeit einer merklichen Intensitätsänderung!

Die einfachste Erklärungsmöglichkeit ist hierbei die, daß eine Expansion mit nahezu Lichtgeschwindigkeit vorliegt.

Für den Fall, daß die emittierenden Massen sehr hohe Relativgeschwindigkeiten V gegenüber dem Beobachter besitzen, ändert sich nämlich die genannte Formel zu $R \lesssim 2\gamma c\Delta t$ ab, wobei der relativistische Faktor $\gamma = (1 - V^2/c^2)^{-1/2}$ für Geschwindigkeiten V in der Nähe der Lichtgeschwindigkeit groß gegenüber 1 wird. Ein Wert von $\gamma \approx 50$ vermag dann die Beobachtungsbefunde bei 3C454.3 zu erklären. Allerdings treten neue, durch die Größe des Emissionsvolumens bedingte Probleme auf. Warum wird z. B. das Gas, das das Emissionslinienspektrum des Quasars hervorruft, durch die rasch expandierende Quelle nicht gestört? Sind die optischen und Radioemissionsbereiche etwa um Distanzen $\Delta R \approx 100$ pc versetzt?

Neue Beobachtungen werfen neue Fragen auf — noch bevor die alten geklärt sind. Dieser permanente Zustand der Quasarforschung bestätigte sich insbesondere auch bei der Untersuchung der Infrarotstrahlung.

9. Quasare als Infrarotquellen

Die Geschichte der neueren Astronomie ist im wesentlichen eine Geschichte der Erweiterung der Beobachtungen durch Eröffnung immer neuer „Fenster" im elektromagnetischen Spektrum. Nach der optischen Astronomie begann die Radioastronomie wesentlich neue Erkenntnisse über die Struktur galaktischer und extragalaktischer Objekte zu liefern, und diese Tradition wird heute von der Röntgen- und Gammaastronomie fortgesetzt. Die Infrarotastronomie und ganz besonders die „Astronomie der Submillimeterwellenlängen" zwischen dem eigentlichen Infrarotbereich (etwa $\lambda = 1$ bis 100 μm und dem Radiobereich ($\lambda > 1$ mm) sind weitere im Kommen begriffene Gebiete. Die Beobachtungen auf der Erdoberfläche werden in diesen Spektralbereichen durch die Absorption der Wasserdampfmoleküle der Erdatmosphäre erheblich gestört. Teleskope in großen Höhen und die Benutzung geeigneter schmaler Spektralfenster mit relativ geringen Absorptionen lassen jedoch auch die bodengebundene Infrarotastronomie als aussichtsreich erscheinen.

Was die Anzahl der beobachteten Objekte betrifft, steht die Infrarotastronomie zweifellos heute noch auf dem Stand der Radioastronomie vor 20 Jahren. Doch wurden bereits wichtige Ergebnisse gewonnen. Innerhalb unserer eigenen Galaxis konnten zahlreiche diskrete Infrarotquellen ausgemacht werden, sternartige Objekte, die wie schwarze Strahler mit Temperaturen von einigen hundert Kelvin strahlen. Ihre Energie rührt vermutlich von sehr jungen Sternen her, deren sehr energiereiche Strahlung von Staubschichten, die den Stern umgeben, ins Infrarote konvertiert wird. Staub mit Temperaturen von 10 Kelvin strahlt bei 1 mm, mit Temperaturen von 100 Kelvin bei 100 μm. Starke Infrarotquellen wurden gerade auch in solchen Richtungen gefunden, wo der Himmel auf optischen Wellenlängen völlig dunkel erscheint. Besonders interessant waren Beobachtungen des Zentrums unserer Galaxis, wo in Richtung der Radioquelle Sagittarius A ein ausgedehntes Infrarotgebiet mit einem Maximum bei einer Wellenlänge von ≈ 300 μm gefunden wurde (s. Abb. 13). Auch hier scheint die konventionelle Deutung der Infrarotstrahlung als durch Staub gerötetes Sternlicht am plausibelsten zu sein.

Einige mehr spekulative Betrachtungen lassen es jedoch als möglich erscheinen, daß eine direkte Beziehung zwischen der Aktivität des Kerns unserer Galaxis und den Phänomenen in Quasaren und Kernen von aktiven Galaxien besteht. Bis zu einem gewissen Grade wird diese Vermutung durch die relative Häufigkeit des Quasarphänomens gestützt (Kapitel 13), wonach zu erwarten ist, daß jede größere Galaxie vielleicht einmal in ihrem Leben einen „Quasarausbruch" durchlief. Man würde aus dieser Statistik erwarten, daß die lokale Gruppe von Galaxien mindestens einen „toten Quasar" enthält. Es erscheint dann auch nicht ausgeschlossen, daß der Kern unserer Galaxis einen solchen Quasarüberrest darstellt und daß bestimmte Besonderheiten des Kernbereiches — darunter die Infrarotemission — hierauf zurückzuführen sind — als letzte Überreste seiner einstigen Aktivität.

Die Realität einer solchen auf den ersten Blick sehr spekulativen Vorstellung kann nur durch ein eingehendes Studium des galaktischen Kerns erwiesen werden. Hier zeigen gerade die Infrarotbeobachtungen ihre Stärke. Die optische Strahlung in Richtung zum galaktischen Zentrum wird ganz erheblich (etwa um 25 Größenklassen) von interstellarer Materie absorbiert, so daß das eigentliche Zentrum der Galaxis uns nur als dunkle Wolke erscheint. Im Infrarotgebiet ist die Absorption weniger stark, so daß hier bis auf den zunächst nicht auflösbaren Kern von etwa 0,2 pc Beobachtungen möglich sind. Wird die bei 2,2 μm gemessene Strahlung (die im Unterschied zur ebenfalls beobachteten längerwelligen Strahlung noch am ehesten stellaren Ursprungs sein dürfte) proportional zur Sterndichte angenommen, so ergeben sich die in Tab. 7 dargestellten Sterndichten. (Eine solche Relation ist da gut gesichert, wo eine Auflösung in Sternen noch möglich ist, und wird auch durch Untersuchungen des Andromedanebels bestätigt.) Man erkennt aus Tab. 7, daß die Sterndichte in der Nähe des Zentrums außerordentlich stark ansteigt, ganz im Unterschied etwa zu Kugelsternhaufen,

Tabelle 7. Sterndichten $\varrho(R)$ in Abhängigkeit vom Zentrumsabstand R und Massen $M(R)$ innerhalb von R für die Kernregion der Galaxis

R (pc)	$\varrho(R)$ ($M_\odot\ pc^{-3}$)	$M(R)$ ($M_\odot$)
0,1	$2{,}6 \cdot 10^7$	$0{,}3 \cdot 10^6$
1,0	$4{,}2 \cdot 10^5$	$4{,}4 \cdot 10^6$
10	$6{,}6 \cdot 10^3$	$70 \cdot 10^6$
20	$1{,}9 \cdot 10^3$	$160 \cdot 10^6$

wo die Sterndichte zwar auch zum Zentrum hin anwächst, aber innerhalb eines Parsec relativ konstant bleibt. Das galaktische Zentrum scheint also in der Tat ungewöhnliche Eigenschaften zu besitzen, wenn es sich auch gegenwärtig relativ ruhig verhält. Einige Überlegungen lassen vermuten, daß wiederholte Ausbrüche des Kerns in der Vergangenheit (vielleicht die letzten Zuckungen des einstigen Quasars) zur Existenz der expandierenden Spiralarme unserer Galaxis in Verbindung gesetzt werden können, wobei jeweils Massen von der Ordnung $10^6 \, M_{\odot}$ mit kinetischen Energien der Ordnung 10^{55} bis 10^{56} erg aus dem Kern ausgeschleudert worden sein sollten.

Nach diesen Erkenntnissen überrascht es nicht, daß auch Quasare im Infrarotbereich emittieren: Als erstes Objekt wurde der optisch hellste Quasar, 3C273, zwischen 1 bis 2 mm als Infrarotquelle nachgewiesen, und auch für eine ganze Reihe von Seyfert-Galaxien konnte eine intensive Infrarotstrahlung festgestellt werden. Einigermaßen überraschend ist jedoch die Tatsache, daß Quasare ihr *Strahlungsmaximum* im Infraroten zu besitzen scheinen und im Wellenlängenbereich zwischen 2 mm und 10 µm wie die Infrarot-Seyfert-Galaxien vermutlich den überwiegenden Teil ihrer Strahlungsenergien abgeben (Abb. 13). Die Stärke extragalaktischer Infrarotquellen variiert damit in weiten Grenzen: Die Helligkeit des galaktischen Zentrums übersteigt mit 10^{42} erg/s die gesamte Radiostrahlung der Galaxis um 4 Zehnerpotenzen und stellt mehr als 5% der galaktischen Strahlung auf allen Wellenlängen dar. In anderen Galaxien, wie M 82, beträgt die Infrarotemission 10^{44} erg/s, und in einigen Seyfert-Galaxien werden Energiebeträge von etwa $3 \cdot 10^{46}$ erg/s erreicht. Die im Infrarotbereich abgestrahlten Energiebeträge von 3C273 betragen $9 \cdot 10^{47}$ erg/s. Ähnlich große Infrarotenergiebeträge strahlt mit $\approx 10^{47}$ erg/s der Quasar 3C345 ab, vorausgesetzt natürlich, daß die Rotverschiebungen wie üblich im kosmologischen Sinne interpretiert werden.

Es wäre allerdings voreilig, von diesen bisher erst für wenige Quasare vorliegenden Infrarotdaten auf eine intensive Infrarotstrahlung für alle Quasare zu schließen. In jedem Falle verlangt aber das nachgewiesene Infrarotkontinuum z. B. in 3C273 eine theoretische Erklärung. Eine Möglichkeit, das Staubmodell, wurde bereits erwähnt. Während für Seyfert-Galaxien Modelle auf dieser Basis möglich zu sein scheinen, wurden in Quasaren keine Anzeichen für die Existenz von Staub gefunden, so fehlt die in unserer Galaxis so beträchtliche Staubabsorption um die Wellenlänge 2200 Å. Das Staub- zu Gas-Verhältnis scheint mindestens in der Linienemissionsregion der Quasare wesentlich kleiner als z. B. in unserer Galaxis

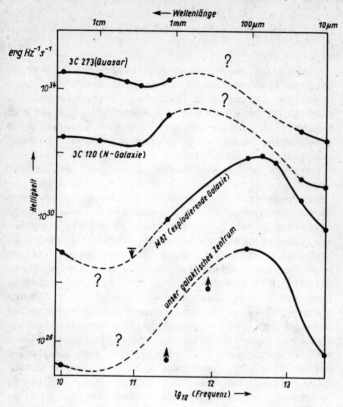

Abb. 13. Radio- und Infrarotspektren des galaktischen Zentrums und dreier extragalaktischer Objekte

zu sein. Eine andere naheliegende Hypothese ist die, daß das gesamte Kontinuum des Quasars, einschließlich der Ultraviolett- und Infrarotstrahlung, durch in Magnetfeldern spiralende hochenergetische Elektronen erzeugt wird, also Synchrotronstrahlung darstellt. Dies stellte aber hohe Anforderungen an die Nachlieferung hochenergetischer Elektronen.

10. Was ist des Pudels Kern?

Das Studium der Helligkeitsschwankungen der Quasare, die direkte Beobachtung von Radioausbrüchen und energetische Schlußfolgerungen, vor allem aus den Infrarotbeobachtungen, führen immer eindringlicher zur „Kernfrage": Was geschieht physikalisch im Kernbereich der Quasare (und in einem weiteren Sinne auch in den Kernen aktiver Galaxien), in einem Gebiet von vermutlich wesentlich weniger als 1 pc Durchmesser?

Eine klare Antwort kann hierauf zur Zeit noch nicht gegeben werden.

Ein möglicher Weg zur Problemlösung besteht in der Untersuchung der Prozesse, die die Entwicklung eines normalen, aus gewöhnlichen Sternen bestehenden galaktischen Kerns bestimmen. Wir skizzieren kurz die wahrscheinliche Entwicklung eines solchen Systems. In einem kugelsymmetrisch aufgebauten Sternsystem wirken in der Hauptsache drei physikalische Faktoren, die zur Entwicklung des Sternsystems beitragen. Der erste ist die normale Sternentwicklung, dessen für das Sternsystem wichtigster Effekt ein Massenverlust ist. Das Abstoßen von Gasmassen kann entweder graduell (während des „Rote-Riesen-Stadiums" der Sternentwicklung) erfolgen oder explosiv durch Supernovaexplosionen. Nach 10^8 Jahren ist $\frac{1}{5}$ der Gesamtmasse des Galaxienkerns in Form von Gas vorhanden, das sich abkühlt und zum größten Teil im Zentrum sammelt. Überschreiten die Gasmassen einen kritischen Wert, so setzt Gravitationskollaps ein, in dem sich vermutlich neue Sterne bilden. Dieser Prozeß reproduziert nun nicht etwa die früheren Verhältnisse, sondern führt zu einem starken Anwachsen der Sterndichte im Zentrum des galaktischen Kernbereichs. Durch Wiederholung des Prozesses kann sich in einem Zeitraum von etwa 10^8 Jahren in einer sphärischen Galaxie mit 10^{11} Sonnenmassen und einem Radius von $\approx 10^4$ pc ein dichter Kern von 1 pc Durchmesser und einer Masse von 10^8 Sonnenmassen herausbilden. Dieser Prozeß kompliziert sich, wenn wie in Spiralnebeln die Galaxie einen hinreichend großen Drehimpuls besitzt.

Ein dichter Sternhaufen besitzt keine eigentliche Gleichgewichtskonfiguration. Es tritt über gravitative Wechselwirkungen ein ständiger Austausch kinetischer Energien auf, der vermutlich zur Entstehung einer Maxwellschen Geschwindigkeitsverteilung führt. Sterne mit Geschwindigkeiten über der Entweichgeschwindigkeit werden abgestoßen, der Rest kontrahiert. Dieser Kontraktionsprozeß ist besonders effektiv, wenn neu entstandene sehr massereiche Sterne vorhanden sind. Ein anderes Ergebnis gravitativer Wechselwirkungen ist die Herausbildung von „Stern-Halo-Konfigurationen" aus einer anfänglich mehr oder weniger homogenen Sternverteilung. Mit steigender Sterndichte setzt ein dritter physikalischer Prozeß ein, der des direkten Sternstoßes. Hier sind die Folgen drastischer: Die äußeren Schichten der Sterne können abgestoßen werden und tragen zum bereits vorhandenen Gas bei. Ist die Relativgeschwindigkeit v_r der Sterne kleiner als die Entweichgeschwindigkeit v_e von der Oberfläche, so ist eine Vereinigung beider Sterne zu einem neuen Stern möglich. Prallen jedoch die Sterne mit solcher Wucht aufeinander, daß $v_r \gg v_e$ gilt, so können sie völlig „zerrissen" werden. Solche Prozesse werden im Laufe der Zeit wahrscheinlicher, da der mittlere Wert von v_r ständig zunimmt. Bei sehr hoher Dichte wäre es schließlich auch möglich, daß ein supermassiver Stern mit Massen von 10^8 bis 10^9 Sonnenmassen im Kern entsteht. Supermassive Sterne der hier erforderlichen Größe sind im allgemeinen instabil. Andere Materiekonfigurationen könnten, wenn auch nicht stabil, so doch „quasistationär" sein, in dem Sinne, daß die Zeitskala der makroskopischen Entwicklung des Systems größer als die Hubblezeit ist. Man kann sich etwa ein dichtes „Gas" von Neutronensternen vorstellen, das auch für hohe Gesamtmassen nicht kollabiert. Eine andere Möglichkeit besteht darin, daß die gesamte Masse des Kerns tatsächlich kollabiert und ein „schwarzes Loch" bildet: Ein solches relativistisches Objekt braucht nicht „schwarz" zu sein, sondern kann durchaus strahlen, etwa, wie oft diskutiert wurde, durch Gaseinfall infolge gravitativer Anziehung mit anschließendem Aufheizen des Gases. Schließlich ist auch denkbar, daß der „Superstern" den größten Teil seiner Masse „herauswirft", etwa durch den in Kapitel 5 skizzierten Katapultmechanismus.

Es ist diese reichlich unbestimmte Szenerie, die die Grundlage für viele Spekulationen über die Kerne sowohl der Quasare als auch der aktiven Galaxien bildet. Einen Hinweis, in welcher konkreten Richtung die Lösung des Quasarkernproblems gefunden werden könnte, liefern die Ähnlichkeiten, die zwischen Quasaren und aktiven Galaxien einerseits und galaktischen Supernova-Überresten wie dem Krebsnebel andererseits bestehen, trotz der um viele Größenordnungen verschiedenen Skalen. In beiden Fällen scheint Synchrotronstrahlung die Ursache der Radiostrahlung zu sein. Relativistische Teilchen werden produziert und ejiziert, Eruptionsphänomene werden beobachtet (beim Krebsnebel die „Streifen" in der Nähe des zentralen Pulsars), und sogar die Doppelstruktur der Radioquellen scheint in der Bevorzugung einer bestimmten Richtung für die Partikelemission in der Krebs-Pulsarumgebung ihr Analogon zu haben.

Angesichts dieser Analogien schien ein Quasarmodell in Gestalt eines massiven, vermutlich differentiell rotierenden Objektes mit Magnetfeld („Spinar") versprechend zu sein. Im Unterschied zu nicht rotierenden supermassiven Sternen könnte der Spinar „quasistabil" sein — was immer dies auch bedeuten möge. In der Magnetosphäre des Spinars sollten elektromagnetische Beschleunigungsprozesse auf Kosten der Spinar-Rotationsenergie für geladene Teilchen stattfinden, ganz ähnlich, wie sie auch von den Pulsaren her bekannt sind. Die Rotationsenergie reicht aus, um aller Energiesorgen ledig zu sein, falls die Spinar-Parameter geeignet gewählt werden, etwa, falls eine Leistung von 10^{49} erg/s gewünscht wird, wie folgt:

Masse: $10^9 \, M_\odot$, Radius: $3 \cdot 10^{14}$ cm, Magnetfeldstärke an der Oberfläche: $5 \cdot 10^5$ Gauß; Rotationsperiode: 1 Tag.

Da die meisten Quasare mit geringerem Energiebedarf auszukommen scheinen, ermäßigen sich die Forderungen an den zentralen Spinar etwas: Die Rotationsgeschwindigkeiten könnten wesentlich geringer sein, ebenso Masse und Magnetfeld. Abbildung 14 gibt eine schematische Darstellung, wie der Aufbau eines Quasars nach der Spinar-Hypothese aussehen dürfte. Ausgearbeitete Modelle dieser Vorstellungen gibt es zur Zeit aber noch nicht. Von einfachen Energieabschätzungen abgesehen, ist es nicht klar, wie das optische Kontinuum der Quasarstrahlung entsteht, wie die teilweise erheblichen Variationen im Kontinuum zu deuten sind und wodurch die im Radiobereich beobachteten Ausbrüche hochenergetischer Teilchen bewirkt werden. Ist in der Tat die physikalische Situation hier ähnlich komplex wie in der äußeren Magnetosphäre des Pulsars, so dürfte nur ein relativ langsamer Fortschritt im Verständnis des Quasarkerns zu erwarten sein.

Vielleicht aber sind alle diese Überlegungen viel zu konventionell — hat nicht *Ambarzumjan* recht, der davor warnt, die Natur in das Prokrustesbett zu vieler unbewiesener theoretischer Vorstellungen zu zwängen?

Es ist sicherlich möglich, daß unsere gegenwärtigen Hypothesen über Quasare im Fermischen Sinne „not crazy enough" („nicht verrückt genug") sind. Die Erfahrungen der Physik lehren andererseits aber auch, daß grundlegende physikalische Theorien eine erstaunliche Breite in ihrer Anwendbarkeit besitzen. Wir haben allen Grund zu der Annahme, daß die Einsteinsche Gravitations-

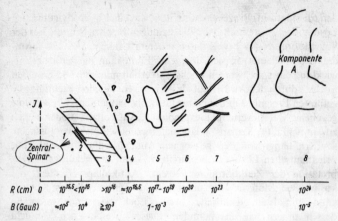

Abb. 14. Schematische Darstellung des Quasaraufbaus durch Kombination verschiedener plausibler Hypothesen nach *Morrison* und *Cavaliere* (die Abstandsverhältnisse der Skizze entsprechen nicht den tatsächlichen Verhältnissen). Der Quasarkern wird von einem „Spinar", einem supermassiven Stern mit $\approx 10^9$ Sonnenmassen, gebildet, der mit einer Periode von $\approx 0,3$ Jahren rotiert.

1 die Spinar-Oberfläche, mit Magnetfeldern von 10^5 Gauß; *2* Bereich, in dem die Infrarotstrahlung des Quasars durch Synchrotronstrahlung energiereicher relativistischer Elektronen entsteht; *3* Entstehung des optischen und Röntgen-Kontinuums (etwa durch inversen Comptoneffekt); *4* „kritischer" Radius $R_{cr} = c/\Omega$, bei dem ein mit dem Spinar rotierendes Teilchen Lichtgeschwindigkeit erreichen würde; *5* Bereich der Entstehung der Radioausbrüche (s. Kapitel 8); *6* Emissionslinienregion der Quasare: Die Linien entstehen hier etwa in angeregten Gasfilamenten (s. Kapitel 6); *7* Bereich der Entstehung der Absorptionslinien, wie hier angenommen, in kühlen, rasch bewegten Gasfilamenten (vgl. Kapitel 7); *8* Plasma außerhalb des Quasars, in dem die langwellige Radiostrahlung entsteht (s. Kapitel 5)

theorie hierzu gehört. Relativistische Objekte als Folge und daher auch zur Erklärung von extremen Entwicklungsphasen der kosmischen Materie könnten durchaus „crazy enough" sein — kennen wir doch ihre Eigenschaften wegen der außerordentlich komplexen Struktur der Einsteinschen Feldgleichungen noch viel zu wenig.

Vielleicht ist der Quasar ein „weißes Loch"?

„Weiße Löcher" sind nichts anderes als eine Art sich zeitlich rückwärts entwickelnder „schwarzer Löcher". Der Gravitationskollaps einer hinreichend großen sphärischen Gasmasse zu einem „schwarzen Loch" wird nämlich — sofern man von wärmeerzeugenden (dissipativen) Prozessen absieht — von einer hydrodynamischen Lösung der Einsteinschen Feldgleichungen beschrieben, die bei der Substitution $t \rightarrow - t$ (was unter anderem Umkehr aller Geschwindigkeiten bedeutet) in sich übergeht: Filmt man die zeitliche Entwicklung eines „schwarzen Lochs", so erhält man die eines „weißen Lochs" durch Rückwärtslauf des Films. In welcher Richtung die gefilmten Ereignisse in der Natur tatsächlich ablaufen, d. h., ob eine gegebene Materieverteilung explodiert („Antikollaps") oder in sich zusammenfällt („Kollaps"), läßt sich theoretisch nicht voraussagen, sondern hängt von den gegebenen Anfangsbedingungen ab. Die Friedmanschen Lösungen beschreiben — mit der geläufigen Interpretation der Zeitkoordinate — ein „Antikollapsverhalten" der kosmischen Materie. Der überblickbare Teilbereich des Kosmos kann dann als ein gigantisches „weißes Loch" bezeichnet werden, in dessen Innern wir uns befinden. Dieses „weiße Loch" braucht durchaus nicht homogen strukturiert zu sein: Es können Bereiche erhöhter Dichte der prägalaktischen Materie existieren, die ihr Vorhandensein lediglich dem Umstand verdanken, daß sie sich relativ spät zur Expansion entschlossen, als ihre Nachbarbereiche bereits „auf dem Wege" waren. Gebiete derartiger Expansionen erscheinen unter Umständen auch dann noch als „explodierende Objekte", wenn die Expansionsverdünnung der restlichen Materie weit fortgeschritten ist und sich bereits wieder durch Kondensationsprozesse Galaxien herausgebildet haben. Es wäre reizvoll, sich Quasare als derartige verzögerte Expansionsbereiche oder „weiße Löcher" im engeren Sinne vorzustellen. Modelle dieser Art haben aber wenig Aufmerksamkeit erfahren, da es schwierig ist, die beobachteten Eigenschaften der Quasare mit „Feuerballüberresten" im Detail in Verbindung zu bringen. Außerdem legen neuere Rechnungen die Vermutung nahe, daß sich bereits in prägalaktischen Entwicklungsphasen die Masse derartiger Objekte so stark erhöht haben mußte, daß sich das „weiße Loch" in ein zusammenfallendes „schwarzes Loch" verwandelt haben mußte.

Angesichts dieser Situation sollte man dem Rate *Ambarzumjans* folgen: „*Wenn eine neue große Entdeckung in der Astronomie gemacht wurde, so waren die Theoretiker gewöhnlich rasch dabei, fast sofort eine Erklärung der neuen Erscheinungen zu geben. Hier aber haben wir es mit außerordentlich komplexen Phänomenen zu tun. Es ist sogar nicht einfach, zu verstehen, was in den äußeren Bereichen eines Kerns vonstatten geht, die durchsichtig und unseren Beobachtungen zugänglich sind. Es ist daher einige Geduld vonnöten.*" (In: Study week on nuclei of galaxies, Amsterdam 1971).

11. Hatte Einstein unrecht?

Zu Beginn des Jahres 1971 schien sich eine neue Sensation in der Quasarforschung anzubahnen. Schlagzeilen wie „Hatte *Einstein* unrecht?", „Galaxien expandieren rascher als das Licht" erschienen in der wissenschaftlichen (und mehr noch in der nicht-wissenschaftlichen) Literatur, und Wissenschaftsjournalisten bürgerlicher Provenienz sprachen von einer „Bombe", die mitten in die Verleihung des Rumford-Preises durch die amerikanische Akademie der Künste und Wissenschaften an die Pioniere der „Radiointerferometrie mit großen Basislängen" hineinplatzte.

Die neuen Beobachtungen, um die es sich handelte, waren mit eben diesem radioastronomischen Verfahren gewonnen worden. Seit ihrer Einführung in die Radioastronomie hatten Interferometer bei der Auflösung immer feinerer Details in kosmischen Quellen die führende Rolle gespielt. Je größer der Abstand der 2 (oder auch mehr) — bei den üblichen Ausführungen durch ein Kabel verbundenen — Interferometer-Antennen gewählt werden konnte, desto kleinere Winkelabstände zwischen Radioquellen ließen sich messen. Die Basis konnte man aber nicht beliebig vergrößern, da Probleme der Phasenstabilität auf den kilometerlangen Verbindungswegen auftraten und z. B. auch der Inselcharakter Englands, wo dieses Verfahren zuerst entwickelt wurde, noch größeren Interferometersystemen im Wege stand.

Die Radioastronomen kamen aber bald darauf, daß ein Verbindungskabel überhaupt unnötig war: Was man benötigte, waren zwei sehr genau gehende Atomuhren als Zeitgeber. Die von den Einzelantennen gelieferten Signale konnten auf Magnetband gespeichert und später digital korreliert werden. Diese Revolution der Radiointerferometrie, die nunmehr transkontinentale Abstände der Antennen zuließ, führte zu einer dramatischen Steigerung der Genauigkeit. Heute lassen sich Quellen auflösen, die Winkelabstände von nur 0,0004" besitzen — die Radioastronomen ließen ihre optischen Kollegen weit hinter sich.

Allerdings muß dieses Verfahren mit Vorsicht gehandhabt werden: Was ein Interferometer bei einer ausgedehnten Quelle mißt, ist nicht primär die ja flächenhafte Helligkeitsverteilung der Quelle; gemessen wird vielmehr — bei einem bestimmten Winkel der Basis zur einfallenden Wellenfront — eine (komplexe) Komponente der Fouriertransformierten der 2dimensionalen Intensitätsverteilung.

Im Laufe der Zeit ändert sich infolge der Erdrotation dieser Winkel, so daß man zusätzliche Informationen erhält. Sie reichen aber nicht aus, ein 2dimensionales Bild der Helligkeitsverteilung der Quelle zu erhalten. In vielen Fällen ist dies auch nicht nötig, da man vielleicht lediglich wissen will, ob ein beträchtlicher Teil der Strahlung aus einer sehr kleinen kompakten Quelle stammt. In diesen Fällen nimmt man bestimmte „Modelle" für die Intensitätsverteilung der Quellen an und paßt die freien Parameter den notwendigerweise rudimentären Beobachtungen an.

Auf diese Weise wurden von dem Quasar 3C279 erhaltene Signale, die mit einer Periode 3,5 Stunden fluktuierten, für „Interferenzbilder" einer Doppelquelle gehalten. Die Wiederholung der Beobachtungen nach vier Monaten zeigte, daß sich die Periode auf 4,5 Stunden ausgedehnt hatte. Nach dem 2-Komponenten-Modell konnte dies nur bedeuten, daß sich die Winkelentfernung der beiden Komponenten vergrößert hatte. Da die Rotverschiebung von 3C273 mit $z = 0,538$ bekannt ist und damit auch die Entfernung feststeht, ließ sich die Ausdehnungsgeschwindigkeit der Komponenten bestimmen. Sie betrug etwa das Zehnfache der Lichtgeschwindigkeit! Nun konnte man hier immerhin argumentieren, daß die Anhänger der lokalen Hypothese der Quasare im Recht seien und die Quasar-Rotverschiebungen nicht mit Entfernungen korreliert sind. Binnen Jahresfrist zeigte sich aber, daß auch die Seyfert-Galaxie 3C120, bei der der enge Zusammenhang zwischen Entfernung und Rotverschiebung ($z = 0,033$) kaum zweifelhaft sein dürfte, ein ähnliches Phänomen aufweist. Hier beträgt die scheinbare Expansionsgeschwindigkeit der Komponenten das Zwei- bis Dreifache der Lichtgeschwindigkeit. Derartige Überlichtgeschwindigkeiten schienen der speziellen Relativitätstheorie *Einsteins* zu widersprechen, die sich auf zahlreichen anderen Gebieten der Physik glänzend bewährt hatte.

Die Aufregung hatte sich bald gelegt. Weitere Beobachtungen von 3C120 zeigten nämlich, daß Radioausbrüche von dem in Kapitel 8 beschriebenen Typ etwa alle halben Jahre auftraten. Die scheinbaren „suprarelativistischen" Geschwindigkeiten lassen sich dann einfach dadurch erklären, daß Komponente (1) — in einer 2-Lichtjahre-Entfernung von Komponente (2) — so schwach wurde, daß sie nicht mehr beobachtet werden konnte, während gleichzeitig eine neue Komponente (3) in einer 4-Lichtjahre-Entfernung auftrat: Nur dann, wenn die Beobachtungen mit einem 2-Komponenten-Modell interpretiert werden, tritt eine Überlichtgeschwindigkeit auf.

Eine ähnliche Erklärung (übrigens nicht die einzige im Rahmen unserer gewohnten Physik) ist auch für 3C279 möglich.

Acht Jahre später mußte zur Deutung einer weiteren sensationellen Entdeckung auch die allgemeine Relativitätstheorie Einsteins herangezogen werden. Bei der Suche nach optischen Kandidaten für Radioquellen des Observatoriums Jodrell Bank stieß man auf ein Paar von eng am Himmel zusammen stehenden Quasaren (Winkelabstand etwa 6″), eine nicht ungewöhnliche Entdeckung (s. Kapitel 15). Zur großen Überraschung der Forscher stellte sich jedoch heraus, daß die Spektren der beiden Objekte exakt übereinstimmten und sich auch Unterschiede in ihrer Rotverschiebung ($z = 1,39$) innerhalb der Meßgenauigkeit nicht feststellen ließen. Konnte es sich bei Q 0957 + 561 um zwei verschiedene Bilder ein und desselben Objektes handeln? Eine solche Möglichkeit ergibt sich in der Tat aus der allgemeinen Relativitätstheorie, wenn etwa eine Galaxie mit ihrem beträchtlichen Gravitationsfeld dem Lichtweg Quasar – Beobachter sehr nahekommt. Die Quasarlichtstrahlen werden durch das Gravitationsfeld der Galaxie etwas abgelenkt, ähnlich wie sich eine Winkelverschiebung der Sternbilder in der unmittelbaren Nachbarschaft der Sonne durch das solare Gravitationsfeld bemerkbar macht. Bei bestimmter geometrischer Konstellation von Beobachter, Galaxie und Quasar erscheint letzterer in verschiedene Bilder „aufgespalten". Die Bilder unterscheiden sich nur dadurch, daß sie wegen der unterschiedlichen Lichtlaufzeiten unterschiedliche „Momentaufnahmen" des Quasars darstellen (mit Zeitdifferenzen von der Ordnung Jahre), und ferner dadurch, daß verschiedene Gebiete der mit dem Quasarlicht in Wechselwirkung tretenden intergalaktischen Materie durchlaufen werden. Die Deutung des Zwillingsquasars Q 0957 + 561 als Gravitationslinseneffekt wurde durch die Entdeckung einer mit der Quasarkomponente B an der Sphäre nahezu zusammenfallenden Galaxie (Rotverschiebung $z = 0,36$) stark gestützt.

Die entsprechenden theoretischen Modelle befinden sich in voller Übereinstimmung mit den Beobachtungen.

12. Wann ist ein Quasar kein Quasar?

Bilden Quasare eine Sonderklasse, eine sich absondernde „Elite", oder stehen sie im Zusammenhang mit der überwiegenden Mehrzahl aller extragalaktischen Objekte, den Galaxien? Es ist diese Frage, der gegenwärtig, wo über den physikalischen Hintergrund der Quasaraktivität noch so wenig ausgesagt werden kann, ein besonderes Interesse der Astronomen gilt. Zweifellos würde sie die Annahme, daß Quasare nichts anderes als normale Galaxien mit besonders hellem Kern sind, am meisten befriedigen. Viel Mühe wurde aufgewandt, um die Spuren der den Quasar umgebenden Galaxie zu finden, aber nur wenige Quasare zeigten derartige Anzeichen. Man fand bald heraus, warum dem so sein mußte. Je heller nämlich der Quasar, desto größer sein u. a. durch Einflüsse der Erdatmosphäre verzerrtes Bild auf der Photoplatte; in allen Fällen, in denen die Astronomen erfolglos suchten, konnte gezeigt werden, daß das Quasarbild den galaktischen Nebel überstrahlen mußte. Umgekehrt konnten da, wo dies nicht der Fall war, auch tatsächlich Anzeichen für flächenhafte Emissionen gefunden werden (vgl. Kapitel 4). Nur war in diesen Fällen der zentrale Kern natürlich so schwach, daß die Anhänger der „Elitetheorie" immer behaupten konnten, daß kein Quasar vorliegt, sondern etwa eine Galaxie vom N-Typ.

Galaxien vom N-Typ sind den Quasaren sehr ähnlich. Der größte Teil ihrer Strahlung stammt von einem sternartigen, nicht auflösbaren Kern. Auch im 2-Farben-Diagramm lassen sie sich von Quasaren trennen (s. Abb. 9), was dadurch bedingt ist, daß in ihnen das Verhältnis thermischer zu nicht-thermischer Strahlung größer ist. N-Galaxien haben gewöhnlich schärfere Emissionslinien als Seyfert-Galaxien und Quasare, zeigten aber wie diese Lichtschwankungen. Ihre optische Helligkeit liegt am unteren Ende des Bereichs der Quasarhelligkeiten, und auch hinsichtlich ihrer Radiohelligkeit liegen sie mit 10^{43} erg/s zwischen starken Radioquellen und elliptischen Galaxien. N-Galaxien scheinen also eine Art Übergangsstadium zwischen gewöhnlichen Galaxien und Quasaren zu bilden. Es hängt letztlich von der Brennweite und Öffnung des Teleskops ab, ob ein Objekt dieser Art als Quasar mit kleiner Rotverschiebung oder als N-Galaxie einzustufen ist.

Instrumentelle Definitionen der Abgrenzung müssen auch für eine andere Klasse von Objekten, den von *Zwicky* mit Hilfe des

48-inch-Schmidtspiegels am Mount Palomar und von *N. Richter* mit dem 53-inch-Schmidtspiegel in Tautenburg untersuchten kompakten Galaxien, benutzt werden. Es handelt sich um Galaxien, die auf den Aufnahmen der jeweiligen Teleskope nur für den geübten Beobachter von Sternen zu unterscheiden sind, also außerordentlich kondensierte Sternsysteme darstellen. Ihre Lage im 2-Farben-Diagramm scheint denen der N-Galaxien ähnlich zu sein. Sehr interessant sind die von Richter beobachteten Helligkeitsschwankungen einiger dieser Objekte, die Zeitskalen von der Ordnung einiger Jahre aufweisen, aber auch innerhalb von Wochen in einigen Fällen beobachtet wurden. Eine der interessantesten neueren Entdeckungen des Bjurakaner Observatoriums in Armenien war die Feststellung, daß Kompaktgalaxien sich oft zu dichten („kompakten") Haufen zusammenschließen.

In diesem Zusammenhang müssen auch die radioruhigen Quasare, die „blauen stellaren Objekte", erwähnt werden, die in allen optischen Eigenschaften mit Quasaren übereinstimmen und sich nur durch eine nicht nachweisbare Radioemission von ihnen unterscheiden.

Diese „Form-Klassifikation" pekuliarer Galaxien geht vom optischen Erscheinungsbild aus. Es lassen sich aber auch spektroskopische Eigenschaften zur Klassifizierung heranziehen. Die bei Seyfert-Galaxien gefundenen typischen Eigenschaften der Emissionslinien (vgl. Kapitel 1) definieren — zusammen mit dem Vorhandensein eines kompakten hellen Kerns — diesen Typ von aktiven Galaxien.

Eine weitere Klasse durch spektrale Eigenschaften definierter Galaxien bilden die am Bjurakaner Observatorium entdeckten Markarjan-Galaxien. Sie ergaben sich bei der über einen Bereich von mehreren tausend Quadratgrad sich erstreckenden systematischen Suche nach Galaxien mit hellem ultraviolettem Kontinuum, die mit Hilfe eines Objektivprismas am Bjurakaner Schmidtspiegel durchgeführt wurde. Es zeigte sich, daß etwa 2 % der Galaxien mit scheinbaren Größen zwischen 13,5 und 17,5 ziemlich intensiv im ultravioletten Licht strahlen. Mehrere hundert nach ihrem Entdecker so genannten Markarjan-Galaxien konnten registriert werden. Der größte Teil davon zeichnet sich durch starke Emissionslinien aus, die in einigen Fällen denjenigen der Seyfert-Galaxien ähneln. Die spektralen Eigenschaften zeigen einen weiten Variationsbereich, so daß mehrere Unterklassen unterschieden werden müssen.

Einen „Elitestatus" scheinen also Quasare nicht beanspruchen zu können, wenn sie auch die hellsten Objekte im Kosmos sind. „Aktive" Galaxien existieren in großer Zahl, und es sind hinreichend viele Anzeichen eines stetigen Übergangs von Quasaren zu aktiven· Galaxien vorhanden. Unklar bleibt allerdings, in welcher Weise aktive Galaxien genetisch mit Quasaren zusammenhängen: Sind es etwa Überreste früherer Quasare, die immer noch aktiv sind? Oder stellen sie einen Seitenzweig in der Entwicklung kosmischer Objekte dar?

Fragen dieser Art lassen sich gegenwärtig kaum einigermaßen sicher beantworten. Einige Hinweise ergeben sich aus den Raumdichten und vermuteten Lebensdauern dieser Objekte, wie in Kapitel 13 näher ausgeführt wird. Kosmogonische und kosmologische Gesichtspunkte spielen dabei eine wesentliche Rolle. Zuvor wollen wir daher versuchen, den Leser mit einigen kosmologischen Gedankengängen vertraut zu machen.

13. Quasare und Kosmologie

Für Kosmologen der „klassischen" Schule der relativistischen Kosmologie, die mit den Namen *Einstein, De Sitter, Friedman, Lemaitre, Eddington, Tolman, Robertson, Hubble, Sandage* und anderen verknüpft ist, gab es, wenn von Beobachtungen die Rede war, kein wichtigeres Ziel als die empirische Bestimmung von zwei Zahlen, der Hubble-Konstanten H_0 (mit der Dimension einer reziproken Zeit, s. Kapitel 4) und dem sogenannten „Verzögerungsparameter" q_0, einer dimensionslosen Zahl. Viele Jahre hindurch war nichts aufregender als das Erscheinen neuer Publikationen, in denen Revisionen dieser Zahlen angekündigt wurden. (Und Arbeiten dieser Art waren zahlreich, wuchs doch die reziproke Hubble-Konstante im Verlaufe von 40 Jahren von $2 \cdot 10^9$ Jahren auf stattliche $2 \cdot 10^{10}$ Jahre an.)

Die Bedeutung der Hubble-Konstanten H_0 ergibt sich aus den Bemerkungen in Kapitel 4. Über die Hubblesche Beziehung zwischen Rotverschiebung und Entfernung beherrscht die Hubble-Konstante die kosmischen Entfernungen. Ihr Schrumpfen hat unmittelbar die proportionale Vergrößerung aller extragalaktischen Distanzen zur Folge. Sie führt damit zugleich auch zu einer Revision von fast allen physikalischen Parametern extragalaktischer Objekte, wie Größe, Energieabstrahlung, Masse und viele andere mehr.

Die Bestimmung des „Verzögerungsparameters" q_0 sahen manche Kosmologen für noch wichtiger an. q_0 stellt primär ein Maß dafür dar, wie stark die Hubble-Expansion der Galaxien von einer „linearen" (proportional zur Zeit vonstatten gehenden) Expansion abweicht. Stellt man etwa das Anwachsen der Galaxien-Abstände l mit wachsender Zeit t seit einem Anfangswert t_1 formelmäßig durch $l(t) = l(t_1) R(t)/R(t_1)$ dar, wobei die Zeitfunktion $R(t)$ der sogenannte „Skalenfaktor" ist, so läßt sich die gegenwärtige Hubble-Konstante als „Änderungsrate" von R definieren, nämlich durch $H_0 = \dot{R}/R$. Der Verzögerungsparameter q_0 ist dann durch $q_0 = -\ddot{R}R/\dot{R}^2$ bestimmt. Für eine streng lineare Expansion ($R \sim t$) wäre $H_0 = $ const und $q_0 = 0$. Die gravitative Anziehung zwischen den expandierenden Galaxien verzögert aber die Expansionsbewegung: Je mehr Materie vorhanden ist, je zahlreicher und massereicher die Galaxien sind, um so größer wird q_0. Quantitativ werden diese Zusammenhänge von den sogenannten „Weltmodellen" der allgemeinen Relativitätstheorie geliefert. In ihnen sind die tatsächliche Verteilung und die

Expansion der Galaxien durch eine isotrope Expansionsbewegung einer homogen verteilten Gasmasse approximiert, deren Materiedichte gleich derjenigen ist, die man erhielte, wenn man die Masse aller Galaxien gleichmäßig im Raum verteilen würde. Die Einsteinschen Feldgleichungen reduzieren sich unter diesen Bedingungen auf nur eine Gleichung für den Skalenfaktor $R(t)$, die berühmte Friedman-Gleichung $(\mathrm{d}R/\mathrm{d}t)^2 = 2H_0^2/R - 2k$. In dieser Gleichung ist k eine Konstante, deren Wert — bis auf das Vorzeichen — von der Einheitenwahl abhängt. Eine Lösung der Friedmanschen Gleichung wird durch Vorgabe von H_0 und q_0 eindeutig bestimmt.

Ein solches „Weltmodell" liefert nun nicht nur die Verteilung und die Bewegungsverhältnisse der Materie, sondern bestimmt zugleich das Gravitationsfeld, das in der Einsteinschen Theorie identisch mit der Riemannschen Geometrie der 4dimensionalen Raum-Zeit ist. Im Falle der Friedman-Modelle ist diese Geometrie sehr einfach und läßt sich im wesentlichen auf die eines gekrümmten 3dimensionalen Raumes mit zeitlich veränderlichem Krümmungsradius zurückführen. In der Tat hatten wir schon in Kapitel 4 erwähnt, daß die eigentliche Interpretation der Hubble-Expansion die einer zeitlich variablen räumlichen Metrik ist — alle Abstände vergrößern sich infolge der veränderlichen geometrischen Maßbestimmung. Die Krümmung des Raumes kann positiv, negativ oder Null sein — je nachdem, ob q_0 größer, kleiner oder gleich $\frac{1}{2}$ ist. Im Falle $q_0 > \frac{1}{2}$ ist der 3dimensionale Raum „geschlossen", ähnlich wie die 2dimensionale Kugeloberfläche. Viele Jahre konzentrierte sich daher das Interesse vieler Kosmologen auf die Frage, ob die Beobachtungen auf einen Wert von $q_0 > \frac{1}{2}$ hinweisen oder nicht: Im Falle $q_0 > \frac{1}{2}$ hätte man, wie man glaubte, die „Geschlossenheit" des 3dimensionalen Raumes nachgewiesen. Diese Erwartung erwies sich jedoch als trügerisch. Die mit Hilfe der optisch auflösbaren Galaxien überblickbaren Entfernungen sind immer noch klein gegenüber dem „Weltradius" des geschlossenen Modells, so daß eine im Falle $q_0 > \frac{1}{2}$ nachgewiesene positive Krümmung vielleicht nur ein rein lokaler Effekt ist, eine kleine „Ausbuchtung" in einer möglicherweise sogar räumlich unendlich ausgedehnten Welt.

Erst wenn ein „kosmologisches Prinzip" etwa so postuliert wird, daß der vom irdischen Astronomen bestimmte q_0-Wert universell ist, d. h. auch von allen anderen extragalaktischen Astronomen mit gleicher Größe gemessen wird, könnte man aus der dann globalen Ungleichung $q_0 > \frac{1}{2}$ die Geschlossenheit der räumlichen Metrik folgern (natürlich immer vorausgesetzt, daß die Einsteinsche Gravitationstheorie gültig ist). Ganz offensichtlich müßte aber ein solches oder ähnliches „kosmologisches Prinzip" erst aus Beobachtungen abgeleitet werden. Dies ist zwar im Prinzip möglich, stellt jedoch ein außerordentlich schwieriges und gegenwärtig noch nicht vollständig gelöstes Problem dar. Obwohl also q_0 nicht „der" entscheidende kosmologische Parameter ist, wie es sich manche Kosmologen wünschten, bleibt doch seine Bestimmung eine wichtige Aufgabe der extragalaktischen Forschung.

Wie läßt sich eine Vergrößerung der Expansion der kosmischen Massen messen? Die irdischen Astronomen leben zu kurze Zeit, um die außerordentlich langsam verlaufenden Änderungen der Hubble-Konstante bestimmen zu können. Wieder mußte teilweise Zuflucht zur Theorie genommen werden: Das kosmologische Gravitationsfeld, das, wie bemerkt wurde, im einfachsten Fall durch q_0 und H_0 bestimmt ist, modifiziert auch die Ausbreitung elektromagnetischer Strahlung von fernen Objekten. Deshalb zeigt die theoretische Beziehung z. B. zwischen dem Logarithmus der Rotverschiebung lg z und der scheinbaren Helligkeit ferner Galaxien (das „Hubble-Diagramm") Abweichungen von derjenigen, die sich im Minkowski-Raum ergeben würde ($q_0 \rightarrow 0$; s. Abb. 15). Werden nur jeweils die hellsten Haufengalaxien für die m-lg z-Beziehung benutzt, so ist zwar zu erkennen (Abb. 15), daß ihre absolute Helligkeit nur geringe Streuung aufweist; das vorhandene Beobachtungsmaterial stößt aber nicht zu so großen z-Werten bzw. schwachen scheinbaren Helligkeiten vor, für die die Abweichungen der für verschiedene Werte von q_0 berechneten Kurven deutlich werden. Die mit dieser Methode bestimmten q_0-Werte liegen zwischen 0 und 1, sind aber sehr unsicher.

Nach der Entdeckung der Quasare, die viel weiter in den Raum hineinreichen als die vergleichsweise „nahen" Nachbarn in Form gewöhnlicher Galaxien, wurde allgemein erwartet, daß sich das q_0-Problem nun lösen ließ. Die Enttäuschung war groß, als das entsprechende Hubble-Diagramm zeigte, daß Quasare und quasarähnliche Objekte regellos über die Diagrammfläche verteilt sind und keine Anstalten machten, den Kurven der theoretischen Kosmologen zu folgen (Abb. 16). Offensichtlich streuen die absoluten Helligkeiten der Quasare in einem so weiten Bereich, daß ihre scheinbaren Helligkeiten keine erkennbaren Korrelationen mit der Entfernung oder Rotverschiebung mehr zeigen. Erst in jüngster Zeit konnten hier Verbesserungen erreicht werden, in dem man das gesamte Rotverschiebungsintervall von 0 bis etwa 2 in etwa zehn Bereiche derart zerlegte, daß sich in jedem Bereich gleichviele Quasare befanden. Aus jeder Gruppe wurde nun der scheinbar

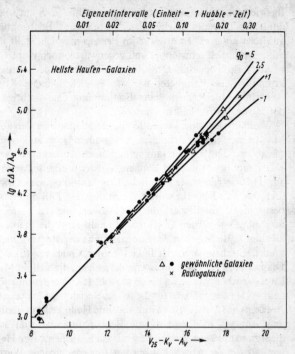

Abb. 15. Hubble-Diagramm für Haufengalaxien. Als Abszisse ist eine korrigierte photoelektrische V-Größe aufgetragen

hellste Quasar ausgewählt. Das Hubble-Diagramm für diese hellsten Quasare zeigt wesentlich weniger Streuung und scheint mit einem Werte $q_0 = 1$ vereinbar zu sein.

Neben der Beziehung zwischen scheinbarer Helligkeit und Rotverschiebung gibt es weitere Relationen zwischen beobachtbaren Größen, in die Parameter des „Weltmodells" (d. h. H_0, q_0) eingehen und die daher im Prinzip ebenfalls zu einer Bestimmung dieser Parameter benutzt werden könnten. Besonders wichtig für Radioquellen hatte sich die Zahl N der Radioquellen (oder auch optischen Quasare) pro Raumwinkelelement an der Sphäre bis zu einem bestimmten Grenzstrahlungsstrom S (in ihrer Abhängigkeit von S) erwiesen. Diese $N(S)$-Relation, gewöhnlich in der Form lg N über lg S dargestellt (Abb. 17), gibt Auskunft über die Verteilung der Radioquellen (Radiogalaxien und Quasare) im Raum und in der Vergangenheit. Wichtig ist der Anstieg s der lg N–lg S-Kurve. Wäre der

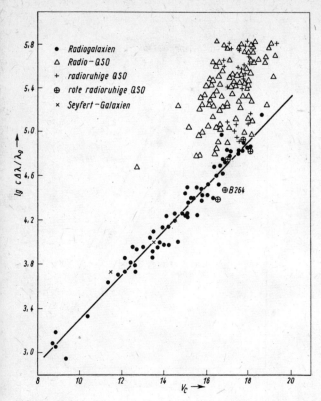

Abb. 16. Hubble-Diagramm für Radiogalaxien, Quasare und Seyfert-Galaxien. Als Abszisse sind photoelektrische *B*-Größen aufgetragen

Raum euklidisch, wären ferner die Quellen gleichförmig im Raum verteilt und würde die Verteilung zudem noch statisch (zeitunabhängig) sein, so wäre, wie man sich leicht überzeugt, der Anstieg *s* stets gleich −1,5. Die Beobachtungen zeigen statt dessen einen steileren Anstieg und entsprechen −1,7 für „helle" Quellen sowie einen graduellen Abfall des Anstiegs zu schwächeren Quellen hin (Abb. 17), sind also sicherlich nicht mit dem elementaren euklidischen Modell verträglich. Aber auch Friedmansche kosmologische Modelle können die Beobachtungen nicht darstellen, wenn man annimmt, daß die Zahl der Quellen sowie ihre Helligkeiten in einem mitexpandierenden Volumen konstant bleiben. Der unter diesen Annahmen gelieferte Anstieg ist stets schwächer als −1,5.

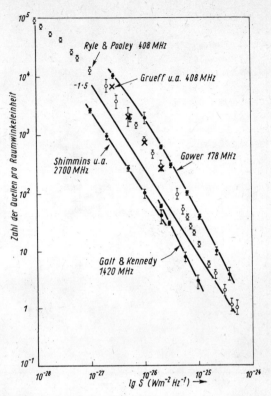

Abb. 17. $N(S)$-Kurve nach Cambridger Zählungen

Man hat hier den ersten wichtigen Hinweis darauf, daß *Entwicklungseffekte* in extragalaktischen Radioquellen auftreten: In kosmologischen Zeiträumen ändert sich entweder die mittlere Helligkeit oder die Anzahl der Radioquellen, vielleicht auch beide Größen. Auf Grund der $N(S)$-Kurve allein ist es zwar nicht möglich, eindeutig quantitative Aussage über die „Helligkeitsentwicklung" und „Dichteentwicklung" zu machen, jedoch ergeben sich einige qualitative Schlüsse aus der Form der Kurve von Abb. 17. Der starke Anstieg kann nur erklärt werden, wenn angenommen wird, daß zu einer Zeit t in der Vergangenheit (entsprechend einer Rotverschiebung z) die räumliche Dichte der starken Radioquellen (auch nach Berücksichtigung der Expansionseffekte) beträchtlich höher war als gegenwärtig. Nicht alle Radioquellen können an dieser

„Dichteentwicklung" beteiligt gewesen sein, sondern nur die absolut hellsten Quellen, da sonst ein anderer Beobachtungsparameter — die sich aus einer Vielzahl entfernter diskreter Quellen zusammensetzende Hintergrundstrahlung bei niedrigen Radiofrequenzen — zu hohe, mit den Messungen nicht übereinstimmende Werte erhalten würde. Die Abflachung der Steigung für Quellen mit kleinem S tritt zwar in mäßiger Form auch in relativistischen Weltmodellen auf; die Beobachtungen können jedoch nur dargestellt werden, wenn für Zeiten $t < t^*$ oder $z > z^*$ die Dichte der Radioquellen stark abnimmt. Die beobachtete $N(S)$-Kurve kann z. B. reproduziert werden, wenn für Rotverschiebungen $z^* \approx 2$ bis 5 die räumliche Dichte starker Radioquellen um einen Faktor 10^2 bis 10^3 höher war als heute und zu noch größeren z-Werten (früherer Zeiten) scharf abfiel.

Somit liegen direkte Hinweise auf eine kosmische Entwicklung im großen Maßstab vor, eine Evolution, die in manchen kosmologischen Theorien, wie der „steady-state-Theorie" (nach der der Kosmos zu allen Zeiten und an jedem Ort im Mittel den gleichen Anblick bietet), prinzipiell verneint wird. Sehr viel mehr konnten die Radiodaten über das realisierte „Weltmodell" allerdings nicht aussagen, da Entwicklungseffekte von Effekten unterschiedlicher q_0-Werte kaum zu trennen sind. Es war klar, daß auch die durch die Messung von Quasar-Rotverschiebungen gegebenen zusätzlichen Informationen sofort ausgenutzt wurden, um den Charakter der angedeuteten Entwicklung von Radioquellen besser zu verstehen. Die Ausbeute an wesentlichen neuen Aussagen blieb allerdings gering. Das wichtigste Ergebnis war eine zusätzliche Bestätigung des Auftretens starker Entwicklungseffekte auch bei Quasaren allein mit Hilfe des „Helligkeits-Volumen-Tests": Sind alle Quasare bis zu einer bestimmten scheinbaren Grenzhelligkeit bekannt (d. h., hat man ein, wie man sagt, „vollständiges Ensemble"), so bestimmt man — in einem vorgegebenen kosmologischen Modell — für jeden dieser Quasare das Volumen V (unter Abzug von Effekten, die durch die Hubble-Expansion des Volumens bedingt sind) einer Kugel um den Beobachter, die bis zur Quelle der Rotverschiebung z reicht. Zugleich verschiebe man die Quelle bis zu derjenigen maximalen Rotverschiebung z_m, bei der sie gerade noch zur Gesamtheit gehören würde, und berechne das entsprechende Volumen V_m. Wären die Quellen homogen im Raum verteilt, so sollte der Quotient V/V_m im Mittel den Wert 0,5 annehmen. Die Beobachtungen zeigen jedoch, daß V/V_m größer als 0,5 ist, d. h., daß keine gleichförmige Verteilung in z vorliegt, sondern die Raumdichten für große z anwachsen. Beispielsweise ergab eine neuere Untersuchung von 107 Quasaren aus den 3C- und 4C-Radiokatalogen einen Wert von $\overline{V/V_m}$ = = 0,659 ± 0,027, der von 0,5 mit einer hohen statistischen Sicherheit verschieden ist. Dieses Verhalten entspricht einem Anstieg der Quasardichte im mitbewegten Volumen mit der Rotverschiebung proportional zu $(1 + z)^k$, wobei $k \approx 5$ ist. Der Anstieg sollte sich bis zu einer Rotverschiebung von etwa $z = 2$ bis 3 fortsetzen und müßte dann von einem relativ raschen Abfall gefolgt werden, um unter anderem das Fehlen einer merklichen Zahl von Quasaren mit extrem hoher Rotverschiebung zu erklären. Unterschiedliche Weltmodelle beeinflussen zwar die genauen Parameter einer solchen kosmogonischen Entwicklung, ändern sie aber qualitativ keineswegs ab: Die ursprüngliche Hoffnung der Astronomen, mit Hilfe der Quasare einigermaßen sichere Aussagen über die geometrische Struktur der Welt im Großen zu erhalten, schwand mehr und mehr, je genauer man die statistischen Eigenschaften der Quasare und Radiogalaxien untersuchte. Dafür tauschte man hochinteressante Fakten über die kosmogonische Entwicklung dieser merkwürdigen Objekte ein.

Es sei schließlich noch ein weiterer kosmologischer Test erwähnt, bei dem die Winkeldurchmesser von Radioobjekten und Quasaren benutzt werden.

Je entfernter ein Objekt ist, desto kleiner erscheint es dem Beobachter — diese alltägliche Beobachtungstatsache gilt natürlich auch in der Astronomie und kann dazu benutzt werden, aus den scheinbaren Durchmessern von Standardobjekten ihre Entfernung abzuleiten. Die Bestimmung etwa der Isophoten-Durchmesser von Galaxien (d. h. ihr Durchmesser bis zu einer bestimmten, für alle Galaxien gleichen Helligkeitsschwelle am Rande) ist ein wertvolles Hilfsmittel etwa für ihre Entfernungsbestimmung — vorausgesetzt, daß man aus irgendwelchen Gründen annehmen kann, daß alle betrachteten Galaxien die gleiche Größe haben. Sind die Objekte allerdings so weit entfernt, daß ihre Rotverschiebung die Größenordnung 1 erreicht, so liefert die relativistische Kosmologie die merkwürdige Voraussage, daß mit einer weiteren Vergrößerung der Entfernung die Durchmesser wieder zunehmen: Das kosmologische Gravitationsfeld wirkt als eine Art „Sammellinse" auf die sich hierin ausbreitenden Lichtstrahlen, es verringert sich ihre Divergenz, so daß sehr entfernte Quellen größer scheinen, als sie tatsächlich sind. Allerdings werden sie sehr lichtschwach, ihre Flächenhelligkeiten nehmen nämlich mit wachsender Entfernung einsinnig ab.

Natürlich versuchte man, diesen eigentümlichen Effekt der Lichtstrahlkrümmung mit Hilfe der entfernten Radioquellen festzustellen, die ja glücklicherweise ausgedehnte Objekte sind. Welche

Abstände in ihnen sollten aber gemessen werden? Wie in Kapitel 5 ausgeführt wurde, besitzt eine Doppelquelle, wie sie für viele Radioobjekte typisch ist, verschiedene charakteristische Durchmesser, wie den Komponentenabstand, die Durchmesser der einzelnen Komponenten und vielleicht auch charakteristische Strukturen in den einzelnen Komponenten selbst. Diese Abstände sind zudem nicht jeweils für alle Quellen gleich, sondern unterliegen statistischen Verteilungen. Eine Möglichkeit etwa war die, den größten Abstand (etwa den Komponentenabstand im Falle von Doppelquellen) heranzuziehen und ihn — für optisch identifizierbare Quellen mit bekannter Rotverschiebung — über der Rotverschiebung aufzutragen. Das Ergebnis (Abb. 18) war überraschend: Der vorausgesagte Anstieg der Durchmesser wurde nicht beobachtet, die Durchmesser nehmen vielmehr wie in einem euklidischen Raum einsinnig mit wachsender Rotverschiebung ab.

War die relativistische Kosmologie damit widerlegt? Nicht doch, natürlich waren es wieder Entwicklungseffekte, die man verantwortlich machen konnte, etwa der Art, daß für große Rotverschiebungen die Quasardoppelquellen kleiner waren als zu späteren Zeiten: Für ein solches Verhalten lassen sich auch physikalische Gründe finden, da z. B. die Dichte des intergalaktischen Mediums, das eine bestimmte Rolle bei der Entwicklung der Doppelkomponenten spielt (Kapitel 5), zu Zeiten mit großen Rotverschiebungen höher war

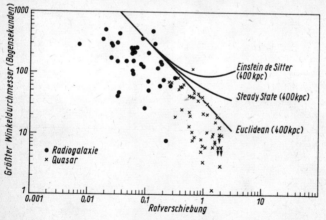

Abb. 18. Variation der größten Winkelausdehnung für Quasare und Radiogalaxien mit bekannter Rotverschiebung sowie steilen Spektren ohne niederfrequenten cut-off

als heute. Es ist in diesem Zusammenhang interessant, daß neue Messungen nicht der größten, sondern der *kleinsten* auflösbaren Strukturen in Radioobjekten das von der relativistischen Kosmologie vorausgesagte Verhalten zu bestätigen scheinen — obwohl die statistisch bedingte Streuung der wahren Durchmesser so groß ist, daß auch hier keinerlei Unterscheidung der verschiedenen „Weltmodelle" möglich wird.

Heutige Kosmologen nehmen dies gelassener hin als diejenigen der klassischen Epoche. Sie interessieren sich viel mehr für die Frage, *wie denn eigentlich Galaxien und Quasare entstanden sind.*

14. Jugendtorheiten einer Galaxie?

.Wie sind Galaxien entstanden? Von zwei Seiten her wird dieses Problem heute angegriffen. Die eine Methode ist deduktiv, sie benutzt Ergebnisse der relativistischen Kosmologie, um das Verhalten und die Entwicklung von „Massenfluktuationen" in der Metagalaxis zu studieren — in der Hoffnung, schließlich Galaxien „fabrizieren" zu können. Das zweite Verfahren geht umgekehrt von den heutigen Parametern der Galaxien aus und versucht, sie zurückzuverfolgen, um zu sehen, welche Eigenschaften Galaxien zur Zeit ihrer Bildung gehabt haben mußten. Beide Verfahren sind notwendig und in gewissem Sinne komplementär.

Sehen wir zunächst zu, wie die relativistischen Kosmologen ihre Aufgabe lösen.

Wenn man ihnen Glauben schenken darf, so befand sich die Metagalaxis, der heute beobachtbare Bereich des Kosmos, vor etwa 10^{10} oder noch mehr Jahren in einem hochkomprimierten Zustand. Sterne, Galaxien, Haufen von Galaxien — alles dies gab es nicht, vorhanden war lediglich ein heißes Gas mit Temperaturen von — wir greifen willkürlich den Zeitpunkt heraus, zu dem das Gas rekombinierte — etwa 4000 Kelvin und Dichten der Ordnung 10^{-20} g cm^{-3}. Dieses Gas stand mit einem Strahlungsfeld gleicher Temperatur in enger Wechselwirkung (der Überrest dieses Strahlungsfeldes wird im übrigen auch heute noch, auf etwa 3 Kelvin abgekühlt, im kurzwelligen Radiobereich beobachtet). Im Laufe der Zeit expandierte das kosmische Gas, kühlte sich dabei ab, vorhandene Dichtefluktuationen verstärkten sich, bis das Eigengravitationsfeld der Fluktuationen so stark wurde, daß die Gasmassen wieder zusammenfielen. Die „Protogalaxien" kollabierten zu „Galaxien", wobei man auch die Bildung der ersten Sterngeneration zu erwarten hatte.

Diese Geschichte schreibt und liest sich leicht. In Wirklichkeit verbirgt sich hier eines der kompliziertesten Probleme der gegenwärtigen Astrophysik. Eine der Hauptschwierigkeiten ist die, daß man den *Anfangszustand* der kosmischen Evolution nicht kennt — man kennt lediglich das Endprodukt, die heutige Galaxienverteilung, die in komplizierter nichtlinearer Weise mit den Anfangsdaten zusammenhängt. Jeder Theoretiker wählt sich heute seine eigenen Anfangswerte aus, in der Hoffnung, daß es „die richtigen" sind. Einige nehmen eine homogene Gasverteilung, aber statistisch verteilte Geschwindigkeiten an. Dieses Turbulenzmodell der Galaxienentstehung, das gegenwärtig populär ist, möchte insbesondere die hohen Drehimpulse der Spiralgalaxien verständlich machen, die mit anderen Anfangsbedingungen schwer zu erhalten sind. Wieder andere postulieren nur räumliche Fluktuationen in der Gasdichte und Strahlungsdichte — auch sie versichern, Galaxien liefern zu können. Es gilt aber nicht schlechthin, irgendeine Materiekonzentration zu erhalten, die einer Galaxie mehr oder weniger ähnlich sieht; in den Daten, die die extragalaktischen Astronomen im Laufe der Jahre in mühsamer Arbeit zusammengetragen haben, steckt weitaus mehr kosmologisch und kosmogonisch relevante Information. So sind die Theoretiker aufgefordert zu erklären, warum verschiedene Galaxientypen wie Spiralen und elliptische Galaxien mit ganz unterschiedlichen spezifischen Eigenschaften existieren oder wie — um nur eine spezielle Frage herauszugreifen — die galaktischen Magnetfelder entstanden sind. Mehr noch, sie müßten schließlich auch begründen können, warum *aktive Phasen* in der Entwicklung von Galaxien auftreten.

Hierbei erhalten sie Unterstützung von den Astrophysikern, die von der gegenwärtigen Welt der Galaxien in die Vergangenheit vorstoßen. Der Ausgangspunkt eines solchen Astrophysikers ist gewöhnlich unsere eigene Galaxis, das Sternsystem, das am besten bekannt ist. Wie sah die Galaxis vor Milliarden von Jahren aus? Von möglichen „aktiven Phasen" (s. Kapitel 9) abgesehen, waren die Sternentwicklung und die Bildung neuer Sterne die bestimmenden Faktoren für die Evolution der Galaxis. Da das Alter der Sterne mit Hilfe der Theorie der Sternentwicklung aus beobachtbaren Parametern ableitbar ist, gelang es, die Bildungsrate neuer Sterne während des Ablaufs der „galaktischen Geschichte" zu verfolgen. Überraschenderweise wurden sehr hohe Bildungsraten gerade zu Beginn dieser Geschichte gefunden, zu Zeiten, die Rotverschiebungswerten der Ordnung 2 bis 5 entsprechen. Für den gleichen Zeitraum sind aber auch hohe Quasardichten im kosmischen Raum bekannt (Kapitel 13). Ist diese Übereinstimmung nur Zufall, oder stellen Quasare vielleicht Galaxien im Prozeß ihrer Entstehung dar, sozusagen eine stürmische Jugendphase? Für diese Annahme spricht, daß Quasare mit Rotverschiebungen $z > 4$ bisher nicht gefunden wurden. Aus Kapitel 10 ist auch bekannt, daß die Entwicklung des Kernbereiches einer Galaxie, in dem sich das von der Sterngeneration übrig gelassene Gas sammeln sollte, nur in einigen 10^8 Jahren erfolgt, also rasch im Vergleich mit den 10^{10} Jahren galaktischer Evolutionsgeschichte. Das „Quasarstadium" konnte damit relativ früh im Leben einer Galaxie auftreten.

Ein weiterer Hinweis ergibt sich auch aus folgender Überlegung. In Tab. 2 sind die heutigen Raumdichten verschiedener extragalaktischer Sternsysteme angegeben. Ein Blick zeigt, daß Galaxien heute sehr viel zahlreicher als Quasare sind. Trotz hohen Anwachsens der Quasarzahlen galt dies auch für die Zeiten, die Rotverschiebungen $z = 2$ bis 5 entsprechen. Gibt es eine Evolutionskette Quasar — Galaxie, so läßt sich hieraus schließen, daß die Lebensdauer des „Quasarstadiums" der Galaxie relativ kurz gewesen sein mußte. Werte der Ordnung 10^6 Jahre, die sich hieraus ergeben, stimmen mit den auf andere Weisen gewonnenen Quasarlebenszeiten (s. Kapitel 5) gut überein.

Dies bekräftigt die Vermutung, daß das Quasarstadium eine gesetzmäßige Phase in der Entwicklung einer Galaxie ist. Sehr viel mehr kann aber hierüber gegenwärtig noch nicht ausgesagt werden. Eine Lösung des Quasarproblems dürfte wohl mehr als die Kräfte nur einer Generation von Astrophysikern beanspruchen.

15. Nochmals die Rotverschiebung

Es war verständlich, daß die Astronomen angesichts der vielen ungelösten Rätsel der Quasare nach einem Ruhepunkt suchten und wenigstens einen Punkt sichergestellt wissen wollten, nämlich die *Deutung der Rotverschiebung im Hubbleschen Sinne, als Entfernungsmaß der Quasare.* Sie hatten sich redliche Mühe gegeben, hierfür Beweise zu finden (s. Kapitel 4 und 11).

Einige zweifelnde Fachkollegen ließen ihnen aber keine Ruhe. Sie trugen ein umfangreiches Beobachtungsmaterial zusammen und fanden einige erstaunliche Zusammenhänge, die selbst die kosmologische Deutung der Rotverschiebung normaler Galaxien infrage zu stellen schienen. Man konnte nicht umhin, von Rotverschiebungsdiskrepanzen und -anomalien zu sprechen und den Vertretern der zweifelnden Minorität Redezeit auf Tagungen einzuräumen.

Eine dieser Diskrepanzen ist seit mehreren Jahrzehnten bekannt. Bereits 1933 hatte sich *Zwicky* folgendes überlegt: Der Coma-Haufen, ein sehr regelmäßig kugelsymmetrisch aufgebauter Haufen von Galaxien, befindet sich zweifellos in einem stationären Zustand. In diesem Falle sollte aber der Virialsatz [vires (lat.) $\hat{=}$ Kräfte] gelten: Die doppelte kinetische Energie aller Galaxien muß gleich der Summe der potentiellen Gravitationsenergie sein. Aus dieser Gleichung läßt sich die Gesamtmasse M_T des Haufens bestimmen; sie ist proportional zum Quadrat der mittleren Geschwindigkeit der Galaxien. Die Geschwindigkeiten lassen sich aber feststellen, wenn man die Rotverschiebungen der Galaxien mißt und den allen Haufengalaxien gemeinsamen Hubbleschen Anteil abzieht. Der verbleibende Rest sollte von den Eigengeschwindigkeiten der Galaxien herrühren. Somit hatte man eine einfache Methode in der Hand, um „dynamisch" Massen zu messen. Die Anwendung auf den Coma-Haufen zeigte zur Überraschung *Zwickys*, daß die so bestimmte Gesamtmasse weitaus höher war als die durch Aufsummierung der Massen aller Einzelgalaxien gewonnenen Massen M. Gab es unsichtbare Massen im Coma-Haufen, die das Gravitationspotential des Haufens und damit die Geschwindigkeit der sich hierin bewegenden Galaxien erhöhten? Oder enthielt vielleicht die Rotverschiebung einen Beitrag unbekannter Natur?

Ähnliche Diskrepanzen wurden in vielen anderen Haufen gefunden, und *Zwicky* bekannte selbst, daß ein Großteil seiner umfangreichen Studien zu Galaxien und Galaxienhaufen dem Ziel diente, eine Lösung dieses Problems zu finden. Die gleichen Phänomene waren für *Ambarzumjan* ein Ausgangspunkt für seine Untersuchungen über die Rolle der Kerne von Galaxien (s. Kapitel 1).

Nun weisen diese Beobachtungsergebnisse vielleicht nicht allzu überzeugend auf die Existenz einer „Rotverschiebungsanomalie" hin, da unsichtbare Materie (vielleicht in „relativistischen" Formen wie schwarzen Löchern) eine befriedigende Lösung der Frage darstellen würde. Auch ist die Ambarzumjansche Hypothese, daß tatsächlich viele Galaxienhaufen eine positive Gesamtenergie besitzen und „auseinanderlaufen", als eine mögliche Antwort im Auge zu behalten.

Ein Angriff auf die üblichen Deutungen der Rotverschiebung mußte überzeugender geführt werden. Konnte man etwa zeigen, daß zwei zusammengehörige, d. h. sich in gleichen Entfernungen befindliche extragalaktische Objekte ganz unterschiedliche Rotverschiebungen aufweisen, so wäre damit die Existenz einer nicht-kosmologischen Komponente der Rotverschiebung bewiesen. Objekte dieser Art wurden in der Tat gefunden. Die Schwierigkeit lag nur im Nachweis einer engen räumlichen Nachbarschaft. Zwei Möglichkeiten kamen hierfür infrage, die Existenz einer statistisch sehr unwahrscheinlichen Konfiguration der Objekte oder der Nachweis, daß eine direkte Verbindung, etwa in Form von „Helligkeitsbrücken", zwischen ihnen besteht.

Ein sehr auffälliges Objekt ist die als Woronzow-Weljaminow-Objekt Nr. 172 bekannte Galaxienkette in Abb. 19. Von den fünf Galaxien besitzt eine (von oben gerechnet die zweite, eine Kompakt-Galaxie) eine Rotverschiebung von $z = 0,123$, alle anderen dagegen weniger als die Hälfte, $z = 0,053$. Eine Deutung der Überschuß-Rotverschiebung als Relativgeschwindigkeit kommt wohl nicht infrage, da das System dann hochgradig instabil wäre und in kosmogonisch kurzer Zeit zerfallen würde. Sollte die herausfallende Galaxie tatsächlich weiter entfernt als die anderen sein und nur zufällig in die Lücke passen? Doch gibt es manches andere Beispiel für Geschwindigkeitsdiskrepanzen in kleinen Galaxiengruppen. Interessant ist auch das Markarjan-Objekt No. 205, ein heller Quasar (oder eine N-Galaxie? $z = 0,07$) in $40''$ Entfernung vom Kern der Galaxie NGC 4319 ($z = 0,005$). Schon diese enge Nachbarschaft an der Sphäre könnte auf eine echte räumliche Nachbarschaft beider Objekte hindeuten, man glaubte aber, zusätzlich noch beide Objekte verbindende Filamente entdeckt zu haben. Neuere Bildwandleraufnahmen haben letzteres allerdings nicht bestätigt.

Da Quasare nicht allzu häufige Objekte am Himmel sind,

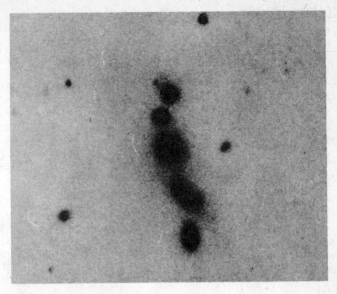

Abb. 19. Die Galaxienkette VV 172

ist die Entdeckung enger Quasar-Paare mit unterschiedlicher Rotverschiebung recht unwahrscheinlich. Quasar-Paarungen wurden jedoch mehrfach gefunden, z. B. in der Nähe der Radioquelle 4C11.50. Die beiden quasistellaren Objekte haben unterschiedliche Helligkeit ($m = 17$ bzw. 19) und unterschiedliche Rotverschiebungen ($z = 0,4359$ bzw. $z = 1,901$), sind aber nur $\approx 5''$ voneinander entfernt.

Obwohl dieses und andere Beispiele sehr eindrucksvoll sind, bleibt natürlich die Möglichkeit bestehen, daß es sich nur um Zufallsprojektionen in Wirklichkeit weit voneinander entfernter Objekte handelt.

Verschiedene andere statistische Tests deuten aber ebenfalls auf eine erhöhte Wahrscheinlichkeit für Quasare hin, in Galaxiennähe aufgefunden zu werden. Merkwürdig ist auch, daß „Begleiter-Galaxien" in der Umgebung heller Galaxien im Mittel eine höhere Rotverschiebung aufweisen. Interessant sind schließlich auch Besonderheiten der Quasarverteilung über die Rotverschiebungswerte. Hier scheinen gewisse Periodizitäten angedeutet zu sein, d. h. ein bevorzugtes Auftreten von Quasaren bei bestimmten Rotverschiebungswerten. So schienen sich Quasare bei einer „magischen" Rotverschiebung $z = 1,95$ zu häufen.

Alle diese Beobachtungsbefunde sind aber statistisch nur sehr schwach gesichert oder lassen sich teilweise auch auf andere Weise erklären. Die Advokaten nichtkosmologischer Rotverschiebungen haben aber auch deshalb einen schweren Stand, weil sie deren physikalische Natur nicht erklären konnten. Den Hinweis auf eine „unbekannte Physik" nahm niemand ernst.

Die gegenwärtige Physik ist jedoch sehr wohl in der Lage, eine zusätzliche nicht-kosmologische Rotverschiebung zu liefern. Gravitative Rotverschiebungen ergeben sich nämlich nicht nur in den statischen Gravitationsfeldern der kosmischen Massen. Auch nicht an Quellen gebundene, räumlich und zeitlich langsam variierende Gravitationsfelder rufen Änderungen der Photonenbahnen und Frequenzverschiebungen hervor. Felder dieser Art können als Gravitationswellen mit extrem langen Wellenlängen (von der Ordnung Megaparsec und darüber) bezeichnet werden. Ihre Energiedichte muß dabei von der Ordnung der Ruhmassen-Energiedichte der Galaxien sein, um beobachtbare Effekte zu erzeugen. Es ist denkbar, daß die eingangs genannte Virialmassen-Diskrepanz, wenigstens teilweise, ein solcher Effekt ist. Auch andere bei Quasaren gefundene Anomalien könnten, falls sie real sind, hierdurch vielleicht eine Erklärung finden.

Ob nun die „Zweifler" an der kosmologischen Deutung der Rotverschiebung oder aber die „Orthodoxen" recht behalten werden — diese Frage muß der weiteren Forschung überlassen bleiben. Sowohl Zweifler als auch Orthodoxe sollten sich dabei an die Worte *Ambarzumjans* erinnern: „*Die Natur ist unendlich komplizierter und vielfältiger, als uns scheinen mag, die wir noch bis vor kurzem nichts von diesen wunderbaren Prozessen wußten. Studieren wir sie geduldig, und lassen wir uns dabei in unseren Schlüssen in erster Linie von den Beobachtungen leiten*" (in: Study week on nuclei of galaxies, Amsterdam 1971, S. 20).

Literatur

Andere populäre Darstellungen von Themen dieses Bändchens findet der Leser in

Tomilin, A. N.: Im Banne des Alls, Verlag MIR Moskau, Urania-Verlag, Leipzig, Jena, Berlin 1974.
Krüger, A., und *G. M. Richter*: Radiostrahlung aus dem All, Urania-Verlag, Leipzig 1972

Als Nachschlagewerk ist zu empfehlen:

Weigert, A., und *H. Zimmermann*: ABC der Astronomie, 6. Aufl., VEB F. A. Brockhaus Verlag, Leipzig 1979.

Weiterführende Literatur findet sich in

Robinson, I., A. Schild and *E. L. Schücking* (Hrsg.): Quasi-Stellar Sources and Gravitational Collapse, Chicago University Press, Chicago 1964.
Burbidge, G., and *M. Burbidge*: Quasi-Stellar Objects, San Francisco 1967.
Seldowitsch, Ja. B., und *I. D. Nowikow*: Relativistische Astrophysik, Moskau 1967 (russ.).
− −: Gravitationstheorie und Sternentwicklung, Moskau 1971 (russ.).
O'Connell, D. J. K. (Hrsg.): Study Week on Nuclei of Galaxis, Amsterdam 1971.
Evans, D. S. (Hrsg.): External Galaxies and Quasi-Stellar Objects, Dordrecht 1972.
Seldowitsch, Ja. B., und *I. D. Nowikow*: Aufbau und Entwicklung des Weltalls, Moskau 1975 (russ.).
Ambarzumjan, W. A. (Hrsg.): Probleme der modernen Kosmogonie, Akademie-Verlag, Berlin 1976.
Davidson, K., und *H. Netzer*: The emission lines of quasars and similar objects, Rev. Mod. Physics **51** (1979) S. 715–766. Ninth Texas Symposium on Relativistic Astrophysics, Annals of the New York Academy of Sciences **336** (1980) S. 1–113.

Philosophische Fragen werden erörtert in

Kröber, G. (Hrsg.): Philosophische Probleme der modernen Kosmologie, Berlin 1965.
Hörz. H.: Materiestruktur, Berlin 1971.
Ambarzumjan, W. A.: Philosophische Fragen der Wissenschaft vom Kosmos, Jerewan 1973 (russ.).

Philosophische Probleme der Astronomie des XX. Jahrhunderts (Sammelband), Moskau 1976 (russ.).

Astronomie – Methodologie – Weltanschauung (Sammelband), Moskau
1979 (russ.).

Bildquellen

D. J. K. O'Connell (Herausgeber), Study Week on Nuclei of Galaxies,
Amsterdam 1971: 9, 10, 14, 15, 16 – I. Robinson, A. Schild und E. L.
Schücking (Herausgeber): Quasi-Stellar Sources and Gravitational Col-
lapse, Chicago 1965: 1, 2, 3, 4, 5, 6, 7, 8, 11 – D. S. Evans (Herausgeber),
External Galaxies and Quasi-Stellar Objects, Dordrecht 1972: 17, 18.

Verwendung von Einheiten

Um den Leser die Benutzung weiterführender Literatur zu erleichtern,
wurden die in der astrophysikalischen Literatur üblichen Einheiten ver-
wendet, die nur in einigen Fällen mit denen des Internationalen Einheiten-
systems (SI) übereinstimmen. Zur Umrechnung beachte man, daß als
Energieeinheit 1 erg = 10^{-7} Joule (SI) und als Einheit der magnetischen
Flußdichte (im Text als „magnetische Feldstärke" bezeichnet, was im
Vakuum zulässig ist) 1 Gauß = 10^{-4} Tesla (SI) benutzt wurden.

Sachverzeichnis